全国技工院校 3D 打印技术应用专业教材（中 / 高级技能层级）
全国技工院校工学一体化技能人才培养教材

U0298638

逆向工程与三维检测
（学生用书）

郑艳萍　主编

中国劳动社会保障出版社

简介

本书为全国技工院校 3D 打印技术应用专业教材（中 / 高级技能层级）《逆向工程与三维检测》的配套用书，供学生课堂学习和课后练习使用。本书按照教材的任务顺序编写，每个任务都包括“明确任务”“资讯学习”“任务准备”“任务实施”“展示与评价”和“复习巩固”等环节。本书关注学生的学习过程，强调知识、技能的同步提升，适合技工院校 3D 打印技术应用专业教学使用，也可作为工学一体化技能人才培养用书。

本书由郑艳萍任主编，张冲、王新刚、杨险锋、刘东梅、袁宇新、刘盼、房妤参加编写，苏扬帆任主审。

图书在版编目（CIP）数据

逆向工程与三维检测 : 学生用书 / 郑艳萍主编 . -- 北京 : 中国劳动社会保障出版社，2022

全国技工院校 3D 打印技术应用专业教材 . 中 / 高级技能层级 全国技工院校工学一体化技能人才培养教材

ISBN 978-7-5167-5425-2

Ⅰ. ①逆… Ⅱ. ①郑… Ⅲ. ①工业产品 - 设计 - 技工学校 - 教材 Ⅳ. ①TB472

中国版本图书馆 CIP 数据核字（2022）第 217290 号

中国劳动社会保障出版社出版发行

（北京市惠新东街 1 号 邮政编码：100029）

*

保定市中画美凯印刷有限公司印刷装订 新华书店经销

787 毫米 ×1092 毫米 16 开本 11.75 印张 250 千字

2022 年 12 月第 1 版 2022 年 12 月第 1 次印刷

定价：25.00 元

营销中心电话：400-606-6496

出版社网址：http://www.class.com.cn

http://jg.class.com.cn

版权专有 侵权必究

如有印装差错，请与本社联系调换：（010）81211666

我社将与版权执法机关配合，大力打击盗印、销售和使用盗版图书活动，敬请广大读者协助举报，经查实将给予举报者奖励。

举报电话：（010）64954652

目录

CONTENTS

项目一 逆向工程概述

项目二 实体数字化

项目三 点云数据处理

项目四 逆向重构与二次创新设计

项目五 三维检测与偏差分析

项目一

逆向工程概述

任务 1　认识逆向工程

明确任务

随着计算机的广泛应用及数字化测量技术的快速发展，逆向工程技术在许多领域得到广泛应用。在学习逆向工程有关知识前，应熟悉逆向工程的基本概念、工作流程、研究内容及常用设备与软件。本任务要求通过查询相关资料，以一个简单产品（如水杯、鼠标等）的正向和逆向设计为例，比较正向工程和逆向工程的工作流程、所需设备与软件的区别以及各自的应用优势，并以演示文稿 PPT 的形式进行展示汇报。

资讯学习

为了更好地完成任务，请查阅教材或相关资料，小组讨论后回答以下问题。

1. 根据教师提供的素材及相关内容，说一说什么是正向工程。

2. 根据教师提供的素材及相关内容，说一说什么是逆向工程。

3. 逆向工程最初起源于____________和____________领域。

4. 逆向工程包括__________逆向、__________逆向和__________逆向，本课程主要研究__________逆向。

5. 实物逆向的一般工作步骤为____________、根据图文信息重构、__________、

________、偏差检测等。

6. 逆向工程的精准检测、数字化重构、参数化设计与增材制造技术控形控性的便捷制造，大大提高了模具设计制造的________和________。

7. 逆向工程常用设备可分为________和________两大类。

8. 为以下零件选择合适的获取尺寸、几何形状的设备或量具。

（1）台阶轴______ （2）涡轮______ （3）大型文物______

A. 三坐标测量机　　B. 游标卡尺　　C. 手持式激光扫描仪

任务准备

根据任务要求进行工位自检，并将结果记录在表 1-1-1 中。

▼ 表 1-1-1　工位自检表

姓名		学号	
自检项目			**记录**
检查工位桌椅是否正常			是□　否□
检查工位计算机能否正常开机			能□　否□
检查工位键盘、鼠标是否完好			是□　否□
检查计算机办公软件 PowerPoint 能否正常使用			能□　否□
检查计算机互联网是否可用			是□　否□

任务实施

1. 结合本任务所学知识，对比正向工程和逆向工程的区别，完成表 1-1-2 的填写。

▼ 表 1-1-2　正向工程与逆向工程对比

序号	名词	概念	工作流程	涉及的设备和软件	优势
1	正向工程				

续表

序号	名词	概念	工作流程	涉及的设备和软件	优势
2	逆向工程				

2. 采用小组工作方式，根据表 1-1-3 的提示，查阅相关资料和素材，以一个简单产品（如水杯、鼠标等）的正向和逆向设计为例比较正向工程和逆向工程的工作流程、所需设备与软件的区别以及各自的应用优势，并制作演示文稿 PPT 进行展示汇报，每完成一步在相应的步骤后面打“√”。要求 PPT 条理清晰、逻辑合理，内容为 10 ~ 15 页。

▼ 表 1-1-3　演示文稿准备

步骤	内容	工作提示	图示	是否完成
1	搜集资料	（1）参考教材进行资料搜集		□
		（2）参考相关教材或期刊进行资料搜集		□

续表

步骤	内容	工作提示	图示	是否完成
1	搜集资料	（3）利用互联网进行相关资料的搜集		□
2	创建演示文稿	（1）新建演示文稿		□
		（2）列出演示文稿的主要标题；按照主要标题对搜集的资料进行整合编辑，依次完成每一页演示文稿的文字创作		□
		（3）插入图片、音频、视频等多媒体素材，提升演示文稿表达效果		□
		（4）检查演示文稿中关于逆向工程的基本知识有无专业性错误，检查内容的逻辑性		□
3	编辑和美化演示文稿	（1）确定演示文稿设计风格		□

续表

步骤	内容	工作提示	图示	是否完成
3	编辑和美化演示文稿	（2）规范演示文稿中文字的格式，对图片等多媒体素材进行美化设计		□
		（3）设置幻灯片播放动画		□
4	总结展示	（1）熟悉演示文稿内容		□
		（2）组织叙述语言		□
		（3）进行成果展示		□
		（4）交流本小组在学习过程中的学习体会和学习经验		□

展示与评价

一、成果展示

分组演讲汇报，听取并记录教师和其他小组同学的点评和改进建议。讲解时间控制在5 min 以内。

二、任务评价

先按表 1-1-4 所列项目进行自评，再由组长对组员进行评价，将结果填入表中。

▼ 表 1-1-4　任务评价表

序号	考核项目	考核标准	配分/分	得分/分	
				自评	组长评
1	作品内容完整性	作品内容充实，能完整、清晰、系统地展示正向工程和逆向工程的工作流程、所需设备与软件等，无科学性错误	30		
		作品内容能充分反映正向工程和逆向工程的区别及各自的优势，作品内容逻辑性强，层次分明	20		
		作品中使用了文本、动画、视频、音频等多种表现手段，更好地展示了主题内容	10		
2	演示文稿技术性	作品设置了动作路径，整个 PPT 播放顺畅、无故障	5		
		作品整体界面美观，各表达元素布局合理、层次分明，总体效果好，具有较强的感染力	5		
3	总结展示	叙述时声音洪亮，思路清晰，重点突出，语言流畅，语速得当，语言表达准确	5		
		仪态大方，着装整洁，节奏、时间控制得当	5		

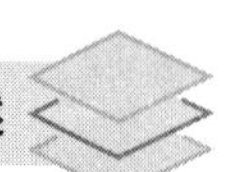

续表

序号	考核项目	考核标准	配分/分	得分/分	
				自评	组长评
4	小组学习，团队协作	组员们和谐相处，积极思考，认真参与学习过程	7		
		学习过程中，组员间能发挥合作学习精神，成员能力互补且分工合理	10		
		在学习过程中能为其他小组成员提供学习帮助	3		
合计					

复习巩固

一、填空题

1. 逆向工程也称反求工程、反向工程等，是通过各种测量手段及三维几何建模方法，将原有实物转化为＿＿＿＿＿＿＿＿，并对＿＿＿＿＿进行优化设计、分析和加工。

2. 未来逆向工程研究的重点将主要集中在＿＿＿＿＿＿、＿＿＿＿＿、＿＿＿＿＿、＿＿＿＿＿＿＿等方面。

3. 逆向工程常用的专门软件有＿＿＿＿＿＿＿＿＿＿、＿＿＿＿＿＿＿＿＿＿，常用的通用软件有＿＿＿＿＿＿＿＿、＿＿＿＿＿＿＿＿等。

二、选择题

1. 逆向工程中，获得形体几何参数的破坏性测量方法是（　　）。

A. 三坐标测量法　　B. 光学测量法

C. 自动断层扫描法　　D. 图像分析法

2. 逆向工程中，（　　）是指在已有产品实物的条件下，通过测绘、分析和重构获得三维模型，并以此为基础进行再创造的过程。

A. 软件逆向　　B. 实物逆向　　C. 影像逆向　　D. 图样逆向

3. 逆向设计过程与正向设计过程相比，具有（　　）的特点。

A. 费时　　B. 费力　　C. 工作量大　　D. 设计周期短

三、判断题

1. 逆向工程就是复制原有产品或实体，不允许有任何差异。（　　）

2. 逆向工程技术被广泛地应用到新产品开发和产品改型设计、仿制、质量分析检测等领域。（　　）

3. 逆向工程适合单件、小批量零件的制造，特别是模具的制造。 （ ）

四、简答题

1. 简述逆向工程与复制的区别。

2. 简述逆向工程技术与 3D 打印技术的关系。

任务 2 了解逆向工程的行业应用

明确任务

随着精密检测技术、先进制造技术的发展以及软件应用技术的发展，逆向工程技术在各个行业中得到了广泛应用，尤其是在医疗、机械制造、模具、建筑、服装、军事、航空航天等行业中表现出巨大的应用潜能和前景。

那么逆向工程技术可以完成哪些工作呢？了解这一问题对于后续的职业规划和发展有一定的借鉴意义。为了更好地了解逆向工程技术在各行业的应用情况，请分组完成以下任务：

查阅相关资料，选择两个逆向工程技术在行业中的应用案例，如文化遗产数字化保护与传承、模具修复、航空航天领域产品设计数字化转型、新车设计开发、精准医疗、文化创意、三维照相等，将资料整理成演示文稿 PPT 进行演讲展示，要求演示文稿不少于 12 页。

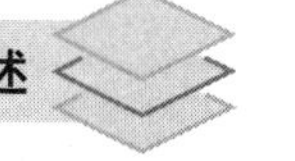

资讯学习

为了更好地完成任务，请查阅教材或相关资料，小组讨论后回答以下问题。

1. 逆向工程是对已有实物模型进行____________来获取实物模型的型面点云数据，对点云数据进行处理，最终形成________，用于产品重新设计及数控加工。

2. 逆向工程技术作为一种先进的制造技术，在不同行业都有重要的运用，比如为______的数字化保护与传承提供支撑，助力________的数字化提升，实现人体模型的________照相，为_______提供原始素材，帮助企业实现缺损模具的修复，加速新车型的设计开发，助力传统工业__________转型等。此外，逆向工程技术还能助力精准医疗，为人们的美好生活带来更多方便。

3. 对于汽车工业，新车型的开发往往要经历产品草图绘制、CAD 模型制作、模型检验、产品制造、产品检验等步骤。这种传统的汽车开发流程和引入逆向工程技术进行汽车开发的流程有很大不同。

（1）查阅相关资料了解汽车正向开发流程，并在教师的指导下补齐表 1-2-1 中每个步骤的工作内容。

▼ 表 1-2-1　汽车正向开发流程

序号	图示	步骤	工作内容
1		产品草图绘制	
2		CAD 模型制作	

续表

序号	图示	步骤	工作内容
3		模型检验	
4		产品制造	
5		产品检验	

（2）查阅相关资料了解汽车逆向开发流程，并在教师的指导下补齐表 1-2-2 中每个步骤的名称及其工作内容。

▼ 表 1-2-2　汽车逆向开发流程

序号	图片	步骤	工作内容
1			
2			
3			
4			
5			

（3）比较汽车正向开发流程和逆向开发流程的异同，谈一谈为什么逆向工程技术的应用能够大大缩短新型汽车的开发周期。

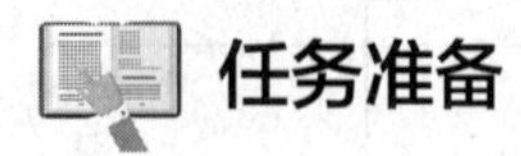

任务准备

根据任务要求进行工位自检，并将结果记录在表 1-2-3 中。

▼ 表 1-2-3　工位自检表

姓名		学号	
自检项目			**记录**
检查工位桌椅是否正常			是□　否□
检查工位计算机能否正常开机			能□　否□
检查工位键盘、鼠标是否完好			是□　否□
检查计算机办公软件 PowerPoint 能否正常使用			能□　否□
检查计算机互联网是否可用			是□　否□

任务实施

查阅教材或相关资料，根据表 1-2-4 的提示完成“逆向工程技术在各行业领域中应用”演示文稿的制作，并进行展示汇报，每完成一步在相应的步骤后面打“√”。

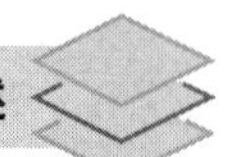

▼ 表1-2-4　演示文稿准备

步骤	内容	工作提示	图示	是否完成
1	确定主题（任选2项）	（1）逆向工程技术在航空航天行业的应用		□
		（2）逆向工程技术在机械制造行业的应用		□
		（3）逆向工程技术在影视行业的应用		□
		（4）逆向工程技术在工艺美术行业的应用		□
		（5）逆向工程技术在文物修复与考古行业的应用		□

续表

步骤	内容	工作提示	图示	是否完成
1	确定主题（任选2项）	（6）逆向工程技术在国防军工行业的应用		□
		（7）逆向工程技术在模具行业的应用	 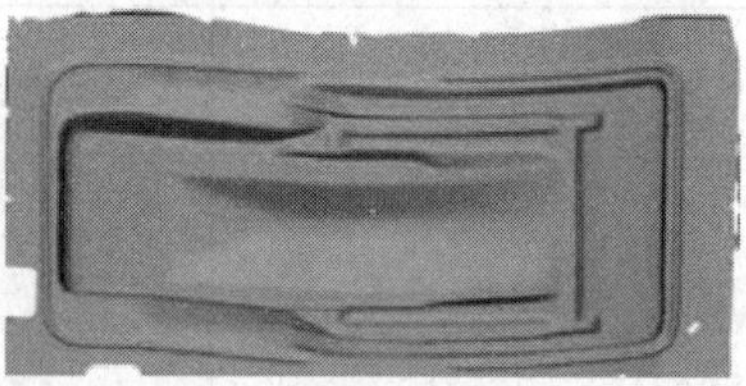	□
		（8）逆向工程技术在汽车行业的应用		□
		（9）逆向工程技术在医疗行业的应用	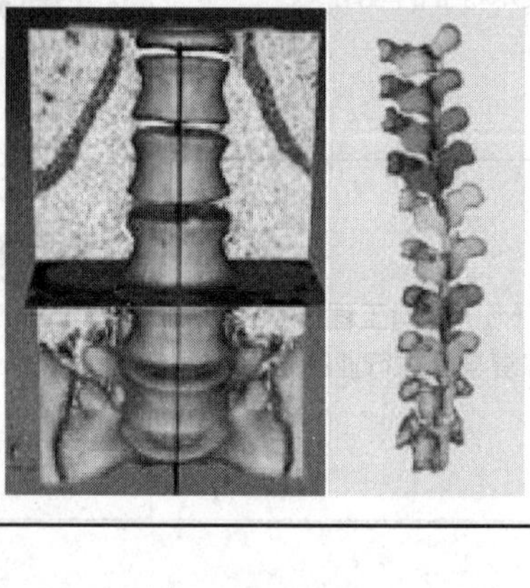	□

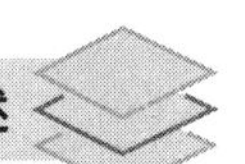

续表

步骤	内容	工作提示	图示	是否完成
2	搜集资料	（1）参考教材进行资料搜集	全国技工院校3D打印技术应用专业教材 （中/高级技能层级） 逆向工程与三维检测 人力资源社会保障部教材办公室 组织编写 配数字资源 中国劳动社会保障出版社	□
		（2）参考相关教材或期刊进行资料搜集	中国设备工程 CHINA PLANT ENGINEERING	□
		（3）利用互联网进行相关资料的搜集		□
3	创建演示文稿	（1）新建演示文稿	单击此处添加标题 • 单击此处添加文本	□
		（2）列出演示文稿的主要标题；按照主要标题对搜集的资料进行整合编辑，依次完成每一页演示文稿的文字创作		□

续表

步骤	内容	工作提示	图示	是否完成
3	创建演示文稿	（3）插入图片、音频、视频等多媒体素材，提升演示文稿表达效果		□
		（4）检查演示文稿中关于逆向工程技术在各行业中应用这一主题内容有无专业性错误，检查内容的逻辑性		□
4	编辑和美化演示文稿	（1）确定演示文稿设计风格		□
		（2）规范演示文稿中文字的格式，对图片等多媒体素材进行美化设计		□
		（3）设置幻灯片播放动画	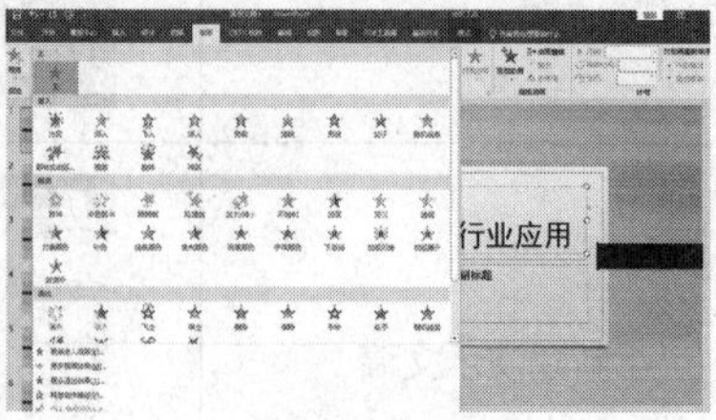	□
5	总结展示	（1）熟悉演示文稿内容		□

续表

步骤	内容	工作提示	图示	是否完成
5	总结展示	（2）组织叙述语言		□
		（3）进行成果展示		□
		（4）交流本小组在学习过程中的学习体会和学习经验		□

展示与评价

一、成果展示

1. 各小组依次利用演示文稿进行学习成果展示，其他同学认真听取汇报并记录逆向工程技术在各行业的具体应用。

2. 将自己和其他同学在完成任务过程中遇到的问题记录在表 1-2-5 中，并总结相关问题的解决办法。

▼ 表 1-2-5　遇到的问题及解决办法

序号	问题描述	解决办法
1		
2		
3		
4		
5		

二、任务评价

先按表 1-2-6 所列项目进行自评，再由组长对组员进行评价，将结果填入表中。

▼ 表 1-2-6　任务评价表

序号	考核项目	考核标准	配分 / 分	得分 / 分	
				自评	组长评
1	作品内容完整性	作品内容充实，能完整、清晰、系统地展示逆向工程技术的行业应用，无科学性错误	30		
		作品内容能充分反应逆向工程技术的行业应用时代性，作品内容逻辑性强，层次分明	20		
		作品中使用了文本、动画、视频、音频等多种表现手段，更好地展示了主题内容	10		
2	演示文稿技术性	作品设置了动作路径，整个 PPT 播放顺畅、无故障	5		
		作品整体界面美观，各表达元素布局合理、层次分明，总体效果好，具有较强的感染力	5		

续表

序号	考核项目	考核标准	配分 / 分	得分 / 分	
				自评	组长评
3	总结展示	叙述时声音洪亮，思路清晰，重点突出，语言流畅，语速得当，语言表达准确	5		
		仪态大方，着装整洁，节奏、时间控制得当	5		
4	小组学习，团队协作	组员们和谐相处，积极思考，认真参与学习过程	7		
		学习过程中，组员间能发挥合作学习精神，成员能力互补且分工合理	10		
		在学习过程中能为其他小组成员提供学习帮助	3		
合计					

复习巩固

一、填空题

1. 在文物修复和考古行业，三维扫描数据不仅用于后续的考古研究，还可用于__________、____________________、__________等。

2. 与目前的实物展陈涉及的文物运输、安全防护等巨大人力、物力、财力消耗相比，数字化展示不仅不存在__________等问题，还可以进行交互式设计和展陈，使观众获得更好的参观体验。

3. 对雕塑作品或实物进行三维数字化扫描后得到的三维数据，可以方便地进行等比例的尺寸缩放和__________的尺寸缩放，还可以借助逆向工程专用软件的一些功能，对作品进行其他表现形式的创新。

4. 在文化创意中可以借助逆向工程实现手稿原型的数字化，从而进一步在计算机软件中对其进行________、________、________等处理，使设计更接近创意。

5. 在传统的汽车零配件生产企业中，如果出现只有实物没有图样的状况，可以通过逆向工程的__________、__________、缺陷修复来恢复模具的生产能力。

二、选择题

1. 逆向工程技术在各行业都有广泛应用，以下情况中不适合应用逆向工程技术的是（　　）。

A. 无产品、零件图样的情况下逆向生成产品样件

B. 通过实测模型得出设计产品及反推其模具的依据

C. 在心理咨询过程中

D. 修复破损的艺术品或缺乏供应的损坏零件等

2. 逆向工程技术在汽车、电子、玩具、航天、家具家电产品等领域应用较为广泛，下列关于逆向工程技术应用的描述中错误的是（　　）。

A. 缩短产品的研发周期　　B. 减少产品研发局限性

C. 增加产品的生产制造成本　　D. 有效提升企业的竞争力

三、判断题

1. 逆向工程又称反向工程。（　　）

2. 逆向工程技术可以应用于建筑行业。（　　）

3. 逆向工程技术在产品开发、创新设计方面是没有任何价值的。（　　）

4. 逆向工程技术可以应用于文物修复、艺术品或缺乏供应的损坏零件修复等方面。（　　）

5. 文物的发掘和展陈无法借助逆向工程来实现数字化存档和数字化展示。（　　）

四、简答题

1. 简述逆向工程技术在不同行业的应用情况。

2. 根据教师的讲解和示例，结合自身爱好、特长简述个人的职业规划。

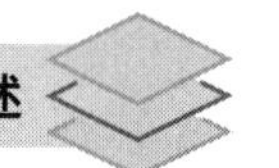

3. 结合你选择展示的逆向工程技术的应用案例，想一想：若选择该行业的逆向工程相关岗位，除了课堂所学的知识外，还需要补充哪些相关知识或技能？

任务 3　认知逆向工程的岗位要求

明确任务

我们对自己未来的职业生涯都应有规划，在进行规划前应明确自己所学专业的就业岗位及岗位要求。请结合你所在区域的经济发展，通过网络等途径（例如，在搜索引擎中输入关键词“逆向设计”“逆向扫描”“3D 打印”“绘图员”“逆向工程师招聘”等）调研市场对逆向工程师相关岗位的需求，并结合自己目前的情况制订技能和知识提升计划。

资讯学习

为了更好地完成任务，请查阅教材或相关资料，小组讨论后回答以下问题。

1. 逆向工程师是指从事已有实物产品的____________、____________、____________和三维偏差检测的技术人员。

2. 三维数字化的主要工作为____。

3. 逆向重构的主要工作为____。

4. 二次创新设计的主要工作为____

____

____。

5. 三维偏差检测的主要工作为____

____

____。

任务准备

1. 在教师的引导下参观实训室，找到逆向工程师能力要求中对应的硬件与软件，并将相关信息填入表 1-3-1 中。

▼ 表 1-3-1　逆向工程实训室所需软、硬件统计表

扫描设备	接触式扫描设备	设备名称：
	非接触式扫描设备	设备名称：
逆向重构软件		软件名称：
三维偏差检测软件		软件名称：

2. 根据任务要求进行工位自检，并将结果记录在表 1-3-2 中。

▼ 表 1-3-2　工位自检表

姓名		学号	
自检项目			**记录**
检查工位桌椅是否正常			是□　否□
检查工位计算机能否正常开机			能□　否□
检查工位键盘、鼠标是否完好			是□　否□
检查计算机互联网是否可用			是□　否□

任务实施

通过网络等途径（例如，在搜索引擎中输入关键词“逆向设计”“逆向扫描”“3D 打

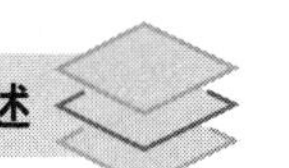

印”“绘图员”“逆向工程师招聘”等）调研市场对逆向工程师相关岗位的需求，并完成表1-3-3的填写。要求：尽量填写符合自身条件的岗位，且至少含1家本地企业。

▼ 表1-3-3　逆向工程师相关岗位调研信息表

<table>
<tr><th>序号</th><th>单位名称或工作地点</th><th>岗位名称</th><th>工作内容</th><th>岗位要求</th><th>信息来源</th></tr>
<tr><td>1</td><td></td><td></td><td></td><td></td><td></td></tr>
<tr><td>2</td><td></td><td></td><td></td><td></td><td></td></tr>
<tr><td>3</td><td></td><td></td><td></td><td></td><td></td></tr>
<tr><td colspan="3">结合你心仪的工作岗位要求，列出自己目前缺乏的能力</td><td colspan="3">1. ______
2. ______
3. ______
4. ______
5. ______</td></tr>
<tr><td colspan="3">根据自己目前缺乏的能力，列出提升计划清单</td><td colspan="3">1. ______
2. ______
3. ______
4. ______
5. ______</td></tr>
</table>

展示与评价

一、成果展示

每组根据调研企业及岗位能力要求，推荐代表谈一谈目前需要提升的能力及专业能力提升计划。其余同学认真听取汇报和教师的点评，并对自己的专业能力提升计划进行完善。

二、任务评价

先按表 1-3-4 所列项目进行自评，再由组长对组员进行评价，将结果填入表中。

▼ 表 1-3-4　任务评价表

序号	考核项目	考核标准	配分 / 分	得分 / 分	
				自评	组长评
1	提升计划清单	提升计划内容翔实，不空洞	30		
		大部分同学对其内容表示赞同	30		
2	总结展示	叙述时声音洪亮，思路清晰，重点突出，语言流畅，语速得当，语言表达准确	10		
		仪态大方，着装整洁，节奏、时间控制得当	10		
3	小组学习，团队协作	组员们和谐相处，积极思考，认真参与学习过程	7		
		学习过程中，组员间能发挥合作学习精神，成员能力互补且分工合理	10		
		在学习过程中能为其他小组成员提供学习帮助	3		
合计					

复习巩固

一、填空题

1. 逆向工程师工作中需使用三维面扫描设备、激光三维扫描设备、白光三维扫描设备等实体数字化设备对__________进行三维数字化。

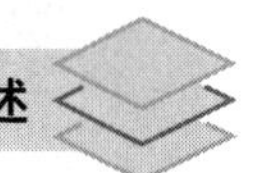

2. 逆向工程师使用逆向工程专业软件对实体的____________、____________等数据进行相关处理，并输出完整、正确的适合后续工作使用的三维数据。

二、选择题（多选）

1. 逆向工程师应具备的岗位素质有（　　）。

A. 良好的沟通能力　　B. 团队精神

C. 敬业、自信　　D. 保密意识

2. 相对于逆向工程的数字化工作，（　　）的工作环境比较单一，需要应用专业基础课中学习的几何公差等知识对偏差部位进行标注，并生成检测报告交付给客户。

A. 逆向重构　　B. 三维检测

C. 3D 打印　　D. 计算机绘图

三、判断题

1. 逆向工程师在接到特殊工作任务时，也会到客户的工作现场开展服务，如考古现场、雕塑工坊、医疗现场、车辆库房、博物馆、车间等，需要注意的是在进入不同的场合时应遵守该场合的管理要求。（　　）

2. 企业招聘逆向工程师时，一般对岗位职责和任职的普遍要求较单一。（　　）

四、简答题

1. 谈一谈你对所学专业未来的职位期待。

2. 谈一谈现在所学课程与未来就业岗位的关系。

项目二

实体数字化

任务 1　结构光光栅三维扫描系统的安装

明确任务

对已有实物进行数字化扫描获得三维数据是逆向工程的第一步，本任务将以 XTOM 三维光学面扫描系统为例学习结构光光栅三维扫描系统的原理、软硬件安装和调试方法，为后续实体数字化工作做准备。

资讯学习

为了更好地完成任务，请查阅教材或相关资料，小组讨论后回答以下问题。

1. 图 2-1-1 所示 XTOM 三维光学面扫描系统由哪些组件构成？

图 2-1-1　XTOM 三维光学面扫描系统

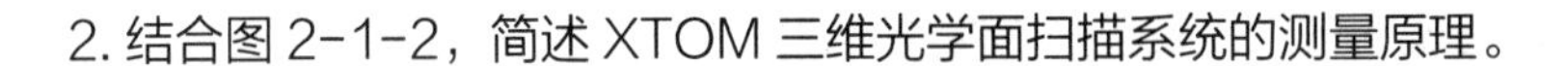

2. 结合图 2-1-2，简述 XTOM 三维光学面扫描系统的测量原理。

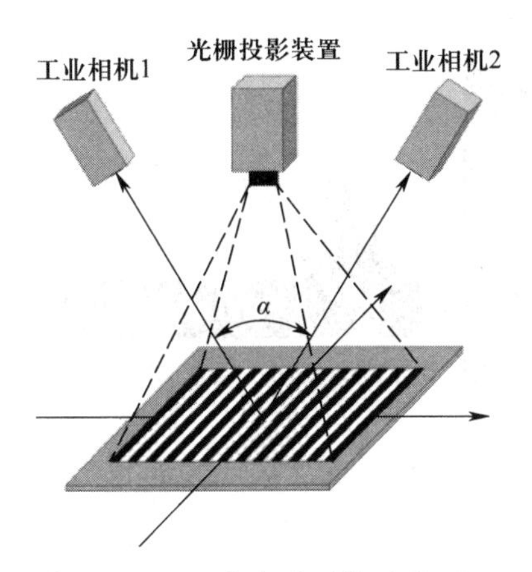

图 2-1-2　光栅投影测量原理

3. 结合图 2-1-3，简单描述 XTOM 三维光学面扫描系统硬件安装、连接的操作流程。

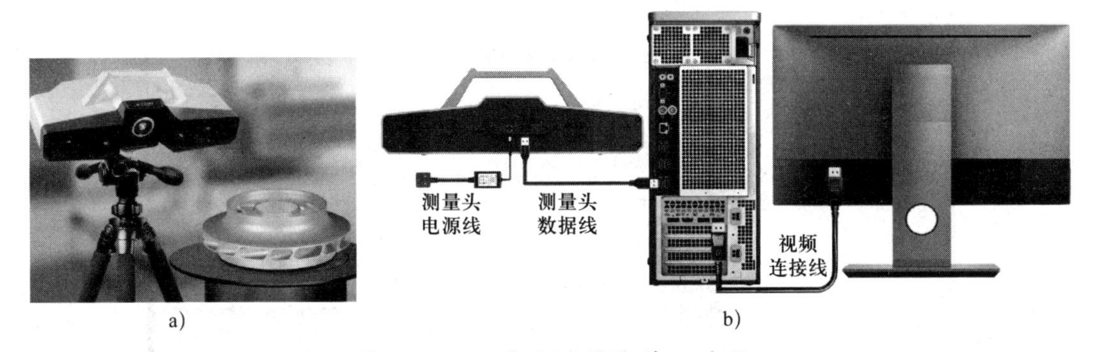

图 2-1-3　系统硬件安装、连接

4. 图 2-1-4 中的三幅图分别代表哪些软件安装模块？

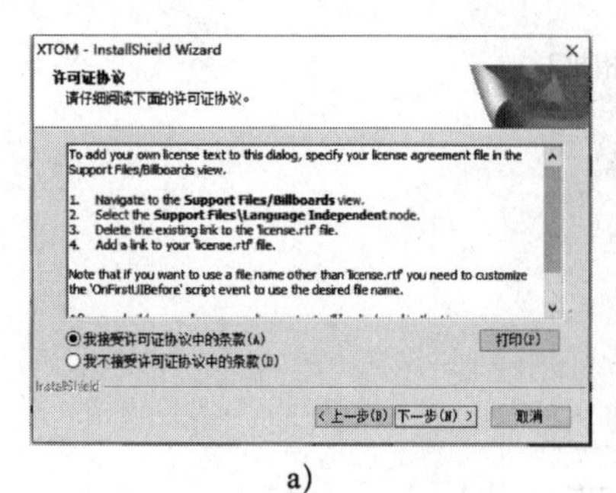

a)

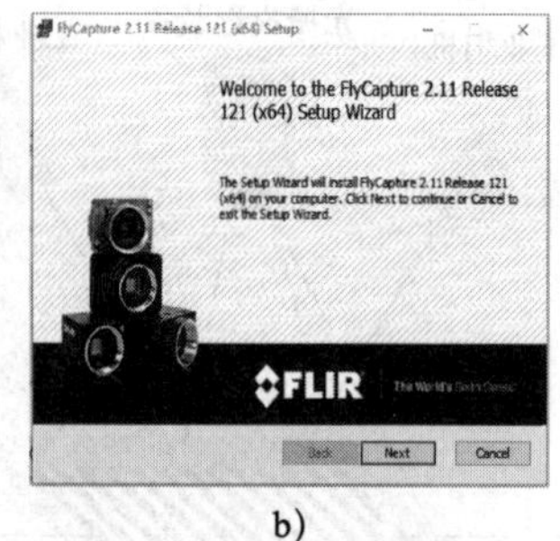

b)

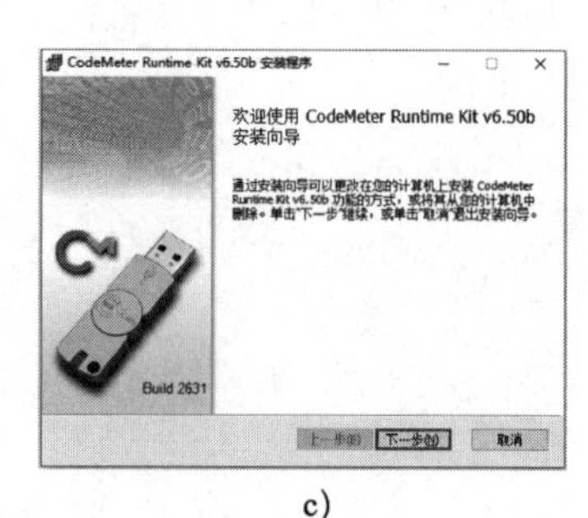

c)

图 2-1-4 软件安装模块

5. 仔细观察图 2-1-5，说出软件卸载是在计算机的哪个操作界面中完成的。

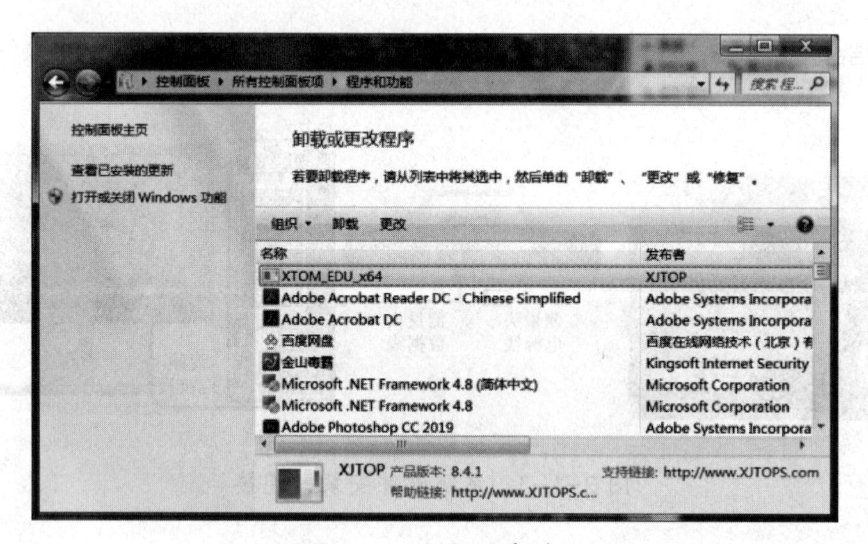

图 2-1-5 软件卸载

任务准备

根据任务要求进行工位自检，并将结果记录在表 2-1-1 中。

▼ 表 2-1-1　工位自检表

姓名		学号	
自检项目			记录
检查工位桌椅是否正常			是□　否□
检查工位计算机能否正常开机			能□　否□
检查工位键盘、鼠标是否完好			是□　否□
检查计算机互联网是否可用			是□　否□

任务实施

根据表 2-1-2 的提示完成 XTOM 三维光学面扫描系统的安装（若采用其他设备，请根据实际设备调整操作提示），每完成一步在相应的步骤后面打“√”。

▼ 表 2-1-2　XTOM 三维光学面扫描系统的安装

步骤	操作提示	图示	是否完成
1	安装并固定三脚架，检查是否可靠平稳	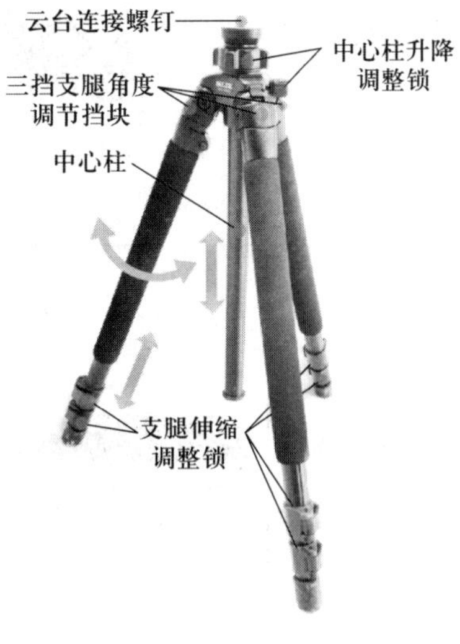	□

续表

步骤	操作提示	图示	是否完成
2	将云台安装到三脚架上，检查安装是否紧固	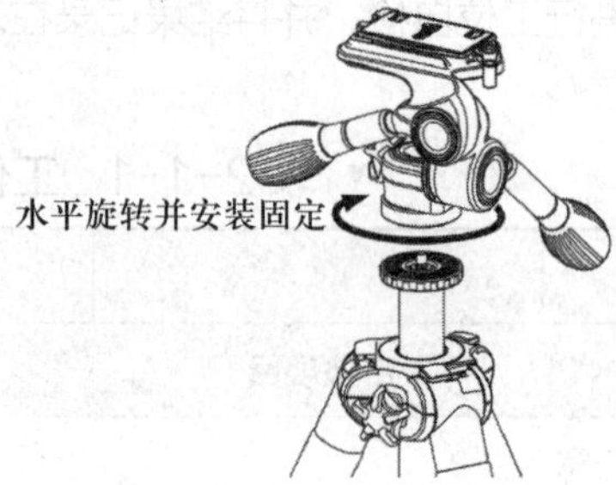	□
3	将快装板安装至测量头底部，调整方位，检查螺钉固定是否紧固	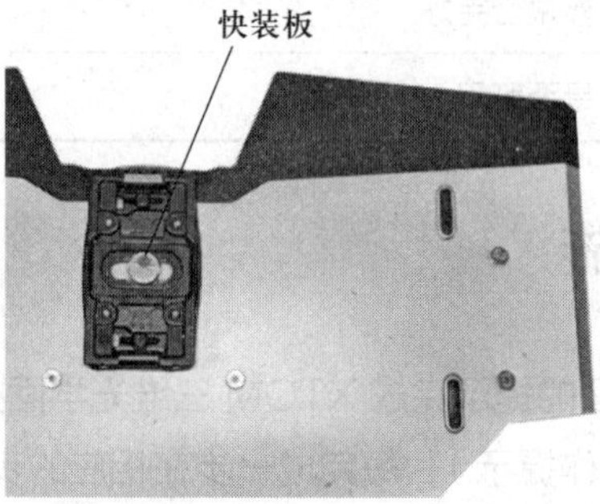	□
4	将测量头通过快装板卡入云台卡槽中，检查是否紧密贴合		□
5	连接线缆，并检查线缆是否插紧	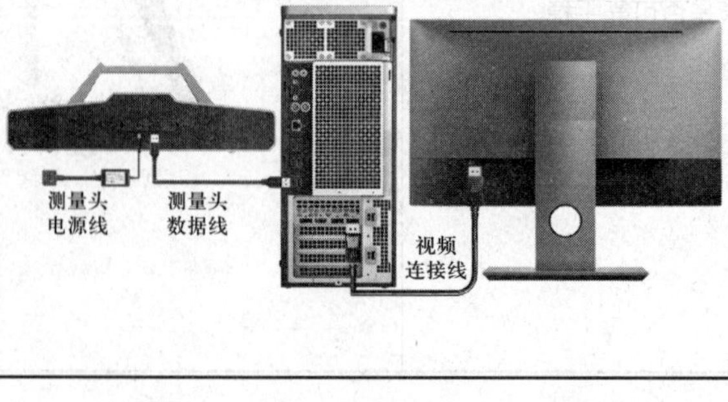	□

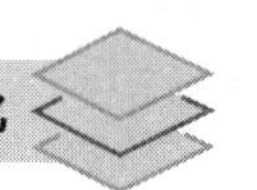

续表

步骤	操作提示	图示	是否完成
6	软件完整安装操作	XTOM_EDU_x64 - InstallShield Wizard 下一步(N) > 取消	□
7	软件卸载操作	卸载或更改程序 打开或关闭 Windows 功能 名称 发布者 XTOM_EDU_x64 XJTOP Adobe Acrobat Reader DC - Chinese Simplified Adobe Systems Incorpora Adobe Acrobat DC Adobe Systems Incorpora Kingsoft Internet Security Microsoft .NET Framework 4.8 Microsoft Corporation Microsoft .NET Framework 4.8 Microsoft Corporation Adobe Photoshop CC 2019 Adobe Systems Incorpora XJTOP 产品版本: 8.4.1 http://www.XJTOPS.com http://www.XJTOPS.c...	□

展示与评价

一、成果展示

以小组为单位，从下列主题中抽签选择 1 个主题，准备实操演练或 PPT 进行展示讲解（注意展示内容需在教材内容上进一步扩展），听取并记录其他小组对本组展示内容的评价和改进建议。

1. 通过网络查询逆向工程中常用的数据采集技术还有哪些，其系统原理是怎样的。建议从设备名称、设备图片、单次定位误差、用途等方面准备 PPT 进行展示讲解。

2. 结合 XTOM 三维光学面扫描系统硬件讲解其基本工作原理。

3. 演示 XTOM 三维光学面扫描系统的硬件安装过程，可由 2 人配合完成安装，1 人解说。

4. XTOM 三维光学面扫描系统软件安装流程讲解及注意事项分享。

5. 汇总收集各小组在任务实施过程中遇到的问题，在教师的指导下主持讨论解决办法。

二、任务评价

先按表 2-1-3 所列项目进行自评，再由组长对组员进行评价，将结果填入表中。

▼ 表 2-1-3　任务评价表

序号	考核项目	考核标准	配分 / 分	得分 / 分	
				自评	小组评
1	扫描系统工作原理	能正确描述扫描系统基本工作原理	10		
2	扫描系统组成	能完整描述扫描系统组成	15		
3	扫描系统硬件安装与连接	三脚架安装平稳	10		
		云台安装紧固	10		
		快装板安装紧固	10		
		测量头与支架连接紧固	10		
		线缆连接紧固	5		
4	扫描系统软件安装与卸载	能完成软件的安装	20		
		能完成软件的卸载	10		
合计					

复习巩固

一、填空题

1. 利用 XTOM 三维光学面扫描系统测量时，________装置投射多幅多频光栅到________上，成一定夹角的两个摄像头同步采集相应图像，然后对图像进行________，并利用________技术和________原理解算出两个相机公共视区内像素点的三维坐标。

2. 测量头的固定支架由________、________、________组成。

二、选择题

下列选项中，不属于三维扫描系统硬件的是（　　）。

A. 三脚架　　B. 测量头　　C. 软件安装程序　　D. 计算机

三、判断题

1. 快装板可以任意方位安装到测量头上，而且螺钉不需要固定太紧。（ ）

2. 将云台固定到三脚架时，需要保证底部螺钉为拧紧状态。（ ）

3. 连接测量头和电源线时，先将电源适配器通电，确保电压稳定后，再将电源线接口插入测量头接口中。（ ）

4. 测量头通电时，不需要检查开关按钮，可以直接通电操作。（ ）

四、简答题

1. XTOM 三维光学面扫描系统由哪些硬件和软件组成?

2. 在日常生活中，还有哪些设备在使用三脚架和快装板?

3. 卸载软件有哪两种方法？

4. HDMI、DVI、DP、VGA 分别是什么接口?

任务 2　结构光光栅三维扫描系统的设置与标定

明确任务

首次安装或重装三维扫描系统软件后，计算机内是没有关于这台设备的配置信息的，此时就需要将设备的配置信息添加到软件安装目录中，并进行设备的标定操作，使设备和软件的配置信息相匹配。

本任务将以 XTOM 三维光学面扫描系统为例学习结构光光栅三维扫描系统软件界面的基本组成及各组成部分的基本功能，并完成 XTOM 三维光学面扫描系统的设置和标定，以确保三维扫描系统能在测量中获取更准确的实物三维数据。

资讯学习

为了更好地完成任务，请查阅教材或相关资料，小组讨论后回答以下问题。

1. 仔细观察图 2-2-1，简述 XTOM 三维光学面扫描系统软件初始界面的组成，并分析应依据什么来选择新建大幅面工程还是小幅面工程。

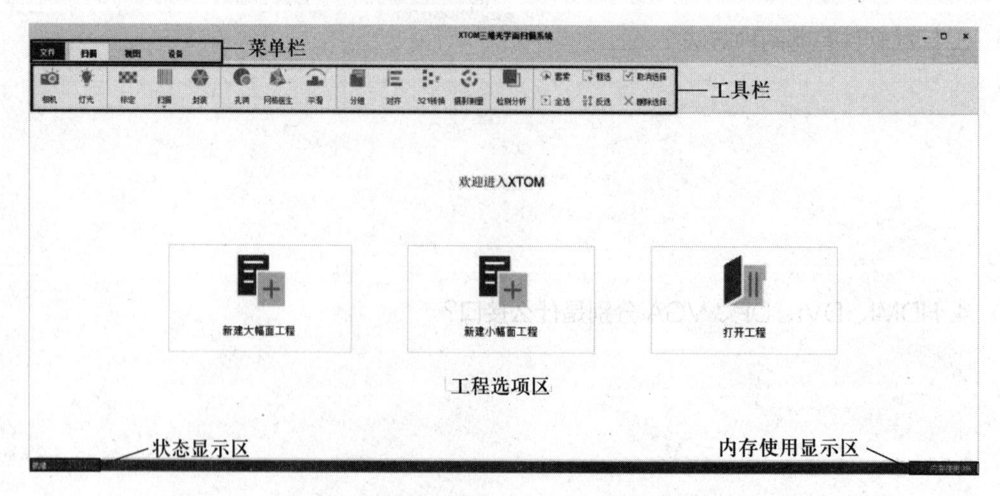

图 2-2-1　XTOM 三维光学面扫描系统软件初始界面

2. 结合图 2-2-2，简述 XTOM 三维光学面扫描系统软件主界面的组成，并指出标定操作是在哪个功能区域中进行的。

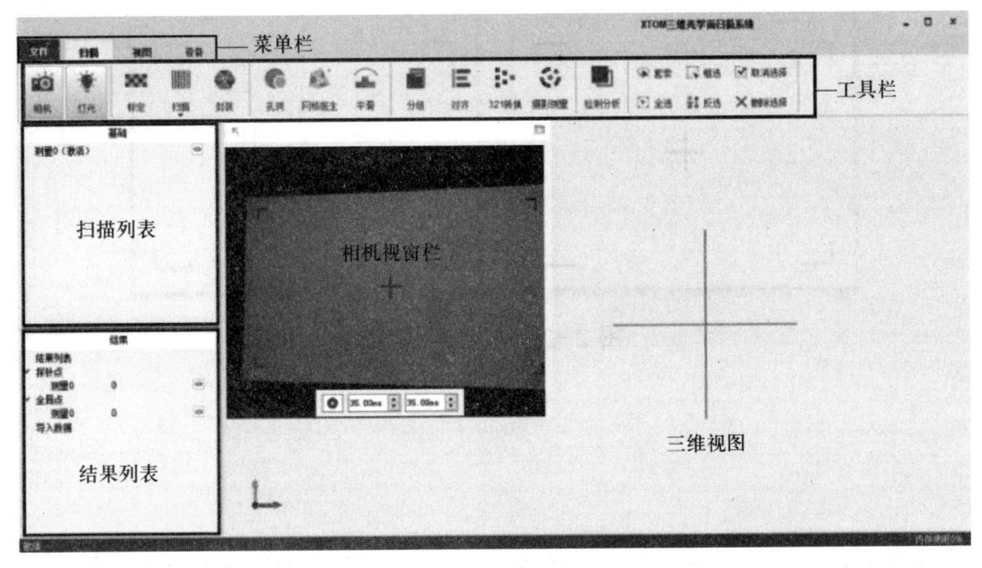

图 2-2-2　XTOM 三维光学面扫描系统软件主界面

3. 结合图 2-2-3 的提示回答：标定板与设备在摆放时应处于什么样的相对位置？怎样才能快速、准确地调整好设备与标定板之间的距离？

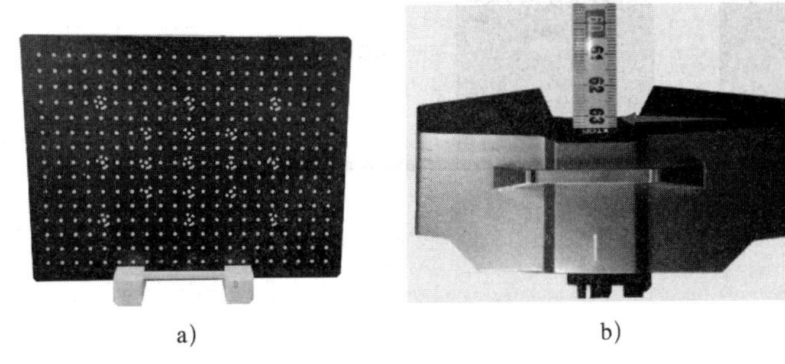

a)　b)

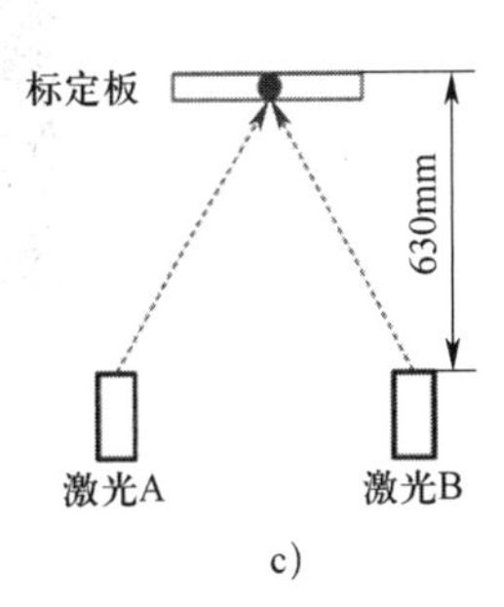

c)

图 2-2-3　标定板与设备的摆放

4. 分析图 2-2-4 所示图案，简述如何判断设备的光栅投影焦距是否调好。

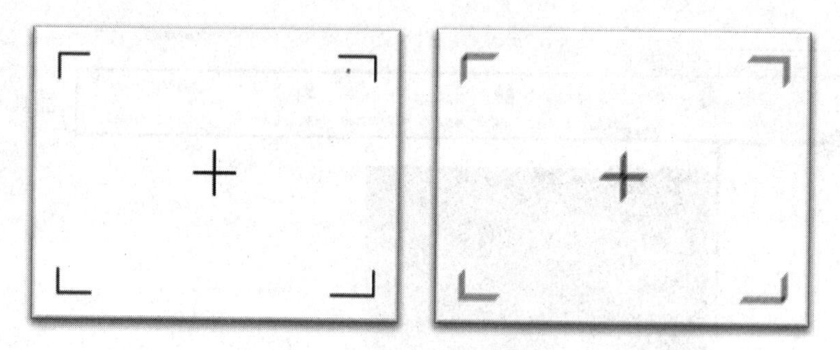

图 2-2-4　焦距图案

5. 熟悉图 2-2-5 所示标定界面，想一想：开始标定时，标定板应该先放置在支架的几号槽位中？标定板的箭头应该先指向哪个方向？标定的操作总共分为多少步？

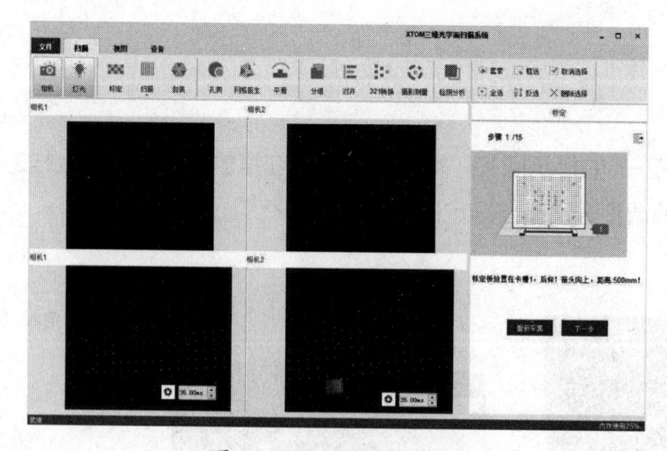

图 2-2-5　标定界面

 任务准备

根据任务要求进行工位自检，并将结果记录在表 2-2-1 中。

▼ 表 2-2-1　工位自检表

姓名		学号	
自检项目			记录
检查工位桌椅是否正常			是□　否□
检查工位计算机能否正常开机			能□　否□
检查工位键盘、鼠标是否完好			是□　否□
检查设备组件是否连接固定好			是□　否□
检查计算机是否安装有所需的三维扫描系统软件			是□　否□
检查计算机内安装的三维扫描系统软件能否正常打开			能□　否□

任务实施

根据表 2-2-2 的提示完成 XTOM 三维光学面扫描系统的设置与标定（若采用其他设备，请根据实际设备调整操作提示），每完成一步在相应的步骤后面打“√”。

▼ 表 2-2-2　XTOM 三维光学面扫描系统的设置与标定

步骤	操作提示	图示	是否完成
1	打开软件进入初始界面	菜单栏　工具栏 工程选项区 状态显示区　内存使用显示区	□
2	新建大幅面工程，进入软件扫描界面	菜单栏　工具栏 扫描列表　相机视窗栏 结果列表　三维视图	□

续表

步骤	操作提示	图示	是否完成
3	放置标定板、设备，并调整好标定位置	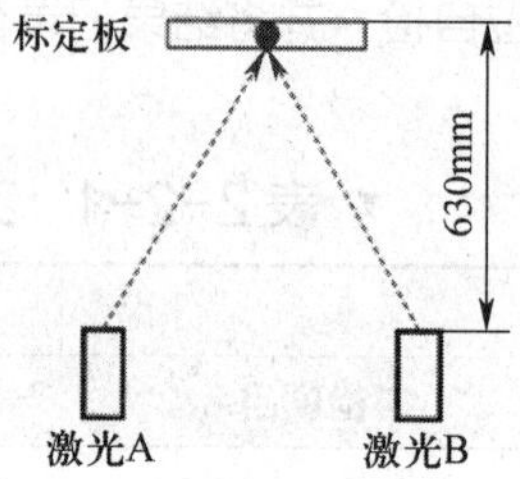 标定板 630mm 激光A 激光B	□
4	调整好设备光栅投影焦距	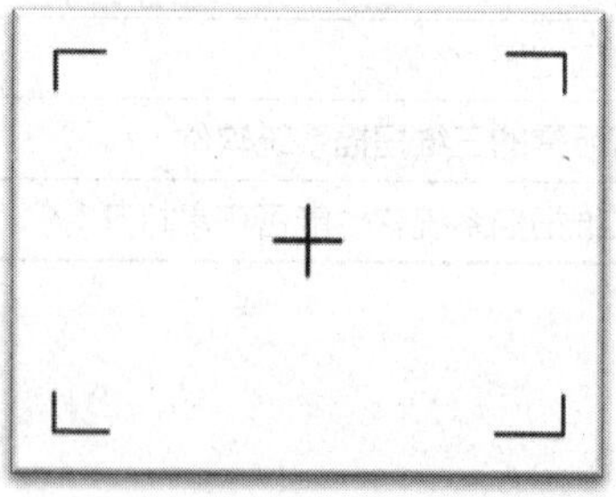	□
5	设置标定温度	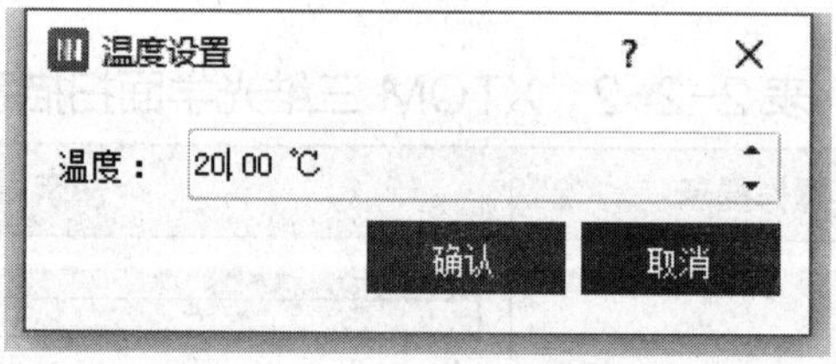 温度设置 ? ✕ 温度： 20.00 ℃ 确认 取消	□
6	完成15步标定操作，并计算标定结果	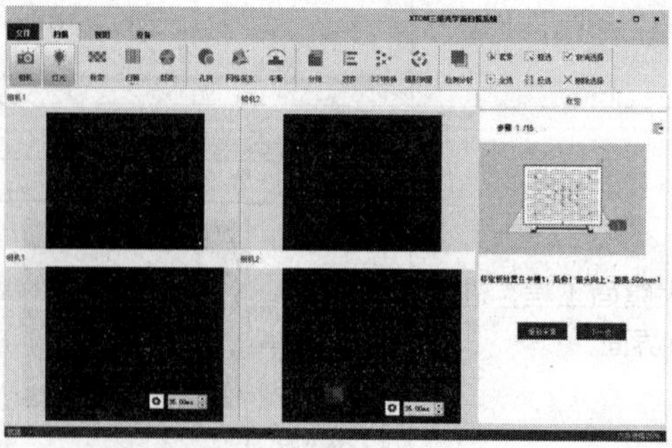	□

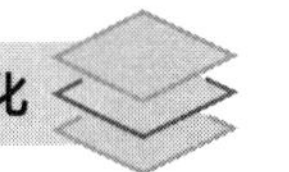

展示与评价

一、成果展示

由教师在每组随机抽取一位小组成员展示标定过程，其他成员听取并记录其他小组对本组操作演示的评价和改进建议。

二、任务评价

先按表 2-2-3 所列项目进行自评，再由组长对组员进行评价，将结果填入表中。

▼ 表 2-2-3　任务评价表

序号	考核项目	考核标准	配分 / 分	得分 / 分	
				自评	组长评
1	幅面工程创建	能完成大幅面工程的创建	15		
2	设备标定操作	标定板底座摆放正确	5		
		设备两个激光点的对焦距离、位置调整正确	15		
		设备光栅投影焦距清晰	15		
		标定板摆放方位正确	10		
		标定途中，底座未发生严重偏移	10		
		能完成 15 步标定操作	25		
		计算显示标定成功	5		
合计					

复习巩固

一、填空题

1. 打开三维扫描系统软件前，应先将______________________插入计算机的 USB

接口中，才能保证软件的正常开启。

2. XTOM 三维光学面扫描系统软件主界面中，幅面工程创建分为______和______两种。

二、选择题

1. 标定前，测量头正确的摆放位置为（　　）。

A. 向左倾斜 45°　　B. 正对标定板　　C. 向右倾斜 45°　　D. 向下倾斜 45°

2. 进行第一步软件标定操作时，应先将标定板放在（　　）号槽位。

A. 5　　B. 9　　C. 1　　D. 4

三、判断题

1. 调整设备与标定板之间的距离时，将两个激光点对齐重合即可，不需要将设备垂直对准标定板的中心位置。（　　）

2. 调节测量头的光栅投影焦距时，可通过观察标定板上光栅投影的十字标记是否清晰来确认是否已调好。（　　）

3. 软件标定途中，可以将测量头和标定板底座进行随意移动。（　　）

4. 完成 15 步标定操作后，不需要进行标定计算，就能显示标定完成。（　　）

5. 软件卸载再重新安装后，使用软件时需要再次进行标定操作。（　　）

四、简答题

在什么情况下需要重新调试测量头？

任务3　雕塑花瓶的三维数字化

明确任务

图 2-3-1　花瓶油泥模型

在艺术设计中，方案确定后通常先制作缩小比例的油泥模型，再使用三维扫描设备进行数字化扫描，然后将扫描数据在软件中等比例放大，最后再应用放大的数据进行陶瓷原型的 3D 打印。本任务主要完成花瓶油泥模型（见图 2-3-1）的三维扫描工作，重点为标志点粘贴和扫描操作。

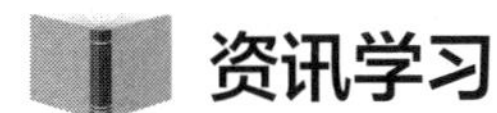

资讯学习

为了更好地完成任务，请查阅教材或相关资料，小组讨论后回答以下问题。

1. 结合图 2-3-2 想一想：使用三维扫描设备进行数字化扫描前需要准备哪些物品？

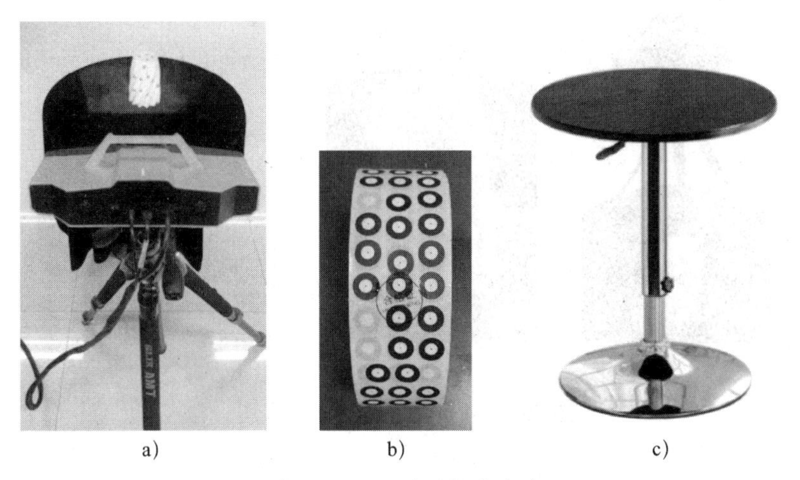

a)　b)　c)

图 2-3-2　扫描前准备

2. 仔细观察图 2-3-3，简述粘贴标志点的注意事项。

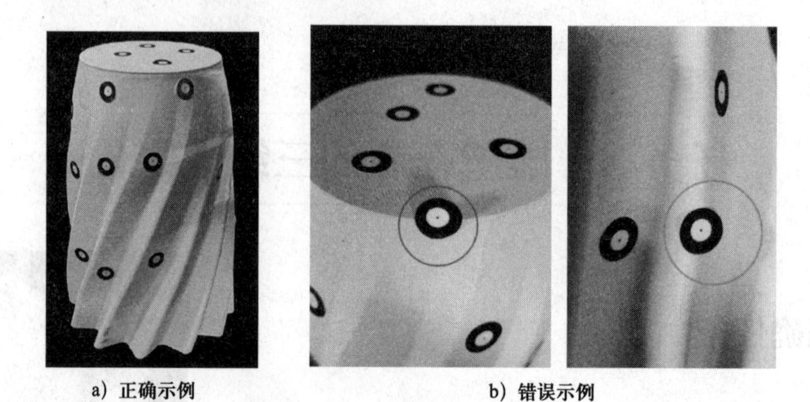

a）正确示例　　b）错误示例

图 2-3-3　标志点的粘贴

3. 结合图 2-3-4 所示扫描操作示意图，简述扫描操作的主要步骤。

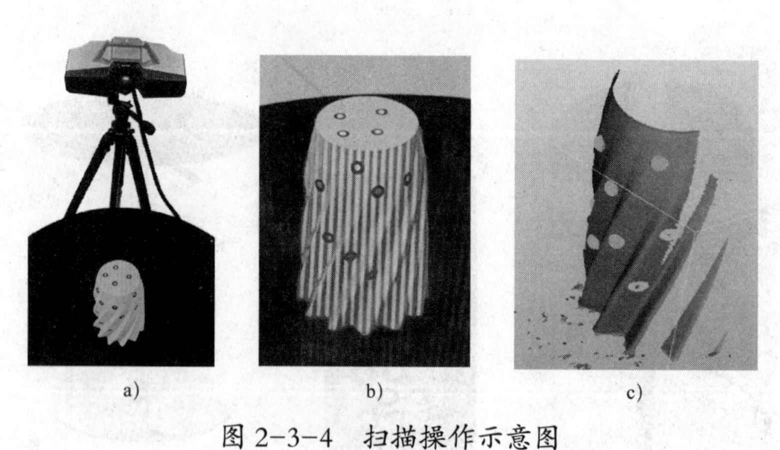

a）　b）　c）

图 2-3-4　扫描操作示意图

4. 观察图 2-3-5，简述如何导出并保存网格数据。

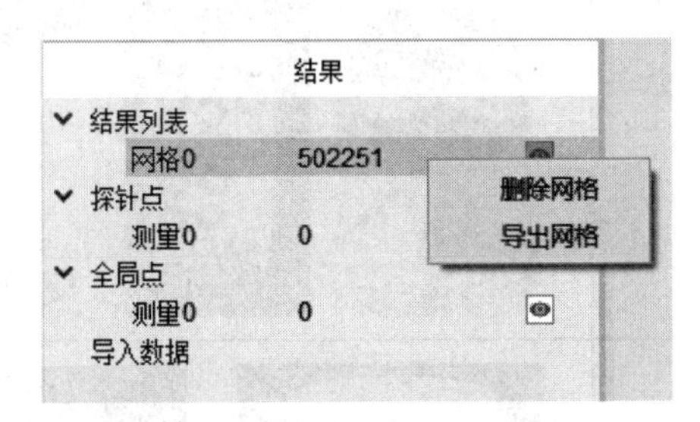

图 2-3-5　导出网格数据

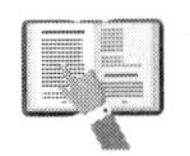

任务准备

根据任务要求进行工位自检，并将结果记录在表 2-3-1 中。

▼ 表 2-3-1　工位自检表

姓名		学号	
自检项目			**记录**
检查工位桌椅是否正常			是□　否□
检查工位计算机能否正常开机			能□　否□
检查工位键盘、鼠标是否完好			是□　否□
检查设备组件是否连接固定好			是□　否□
检查计算机是否安装有所需三维扫描系统软件			是□　否□
检查计算机内安装的三维扫描系统软件能否正常打开			能□　否□

任务实施

根据表 2-3-2 的提示完成雕塑花瓶的三维数字化，每完成一步在相应的步骤后面打“√”。

▼ 表 2-3-2　雕塑花瓶的三维数字化

步骤	操作提示	图示	是否完成
1	准备物料		□
2	粘贴标志点		□
3	扫描工件，并进行数据删减操作		□
4	导出扫描数据	结果 结果列表 网格0　502251 探针点 测量0　0 全局点 测量0　0 导入数据 删除网格 导出网格	□

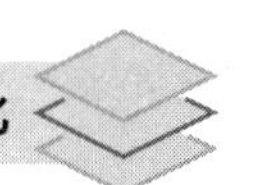

续表

步骤	操作提示	图示	是否完成
5	保存工程文件		□

展示与评价

一、成果展示

以小组为单位，从下列主题中抽签选择 1 个主题进行现场展示，听取并记录其他小组对本组展示内容的评价和改进建议。

1. 标志点粘贴演示和讲解，可从粘贴技巧和注意事项展开。
2. 演示扫描过程并讲解注意事项。
3. 演示花瓶底部的补充扫描和噪点删除。
4. 演示扫描点云合并、封装和数据导出。
5. 汇总收集各小组遇到的问题，在教师的指导下主持讨论解决方案。

二、任务评价

先按表 2-3-3 所列项目进行自评，再由组长对组员进行评价，将结果填入表中。

▼ 表 2-3-3　任务评价表

序号	考核项目	考核标准	配分 / 分	得分 / 分	
				自评	组长评
1	物料准备	设备、支架、工件、标志点、旋转工作台等准备齐全	15		
2	扫描准备	标志点粘贴正确	20		
3	工件扫描	曝光参数调整合理	5		
		工件正面扫描完整	15		
		工件底部反转扫描完整	15		
		工程文件正确保存	5		
4	数据处理	面片封装合并操作正确	5		
		多余数据删减操作合理	10		
5	数据导出	能完成数据导出	10		
合计					

复习巩固

一、填空题

1. 实现简单实物的三维数字化需要准备的物料包括________、________、________等。

2. 扫描工件时，可以单击软件中的“扫描”按钮进行扫描拍摄，也可以使用键盘中的________快捷键进行扫描操作。

二、选择题

1. 给工件表面粘贴标志点时，一个视角范围内至少需要粘贴（　　）个标志点。

A. 2　　B. 3　　C. 4　　D. 5

2. 扫描工件过程中，如果相机视窗栏中显示的工件颜色比较暗，可以通过（　　）来调节。

A. 移动工件　　B. 移动测量头　　C. 调整曝光参数　　D. 移动旋转工作台

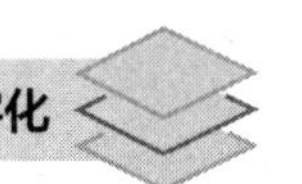

三、判断题

1. 工件上粘贴的标志点又称为编码点。（ ）

2. 标志点可以粘贴在工件表面的任意位置上。（ ）

3. 扫描工件时，为了日后能进行数据的重新调用，在扫描途中需要进行工程文件的保存操作。（ ）

4. 扫描工件底面数据时，需要移动工件，将工件的底面翻转到上面。此时，工件的某一个侧面必须粘贴足够多的公共标志点，并保证这些标志点能同时被全部识别到。（ ）

四、简答题

1. 在什么情况下需要对待测物体进行着色喷涂?

2. 标志点的粘贴有哪些要求?

3. 简述应用 XTOM 三维光学面扫描系统进行物体扫描的步骤。

4. 三维扫描的结果有缺失，可能是什么原因造成的？

任务 4　汽车发动机盖的三维数字化

明确任务

为了满足后期进行 A 级曲面重构的较高尺寸精度数据要求，本任务使用工业近景摄影测量系统获取汽车发动机盖（见图 2-4-1）高精度全局标志点的三维坐标数据，要求掌握工业近景摄影测量系统的使用、与三维面扫描系统的配合方法以及典型扫描策略。

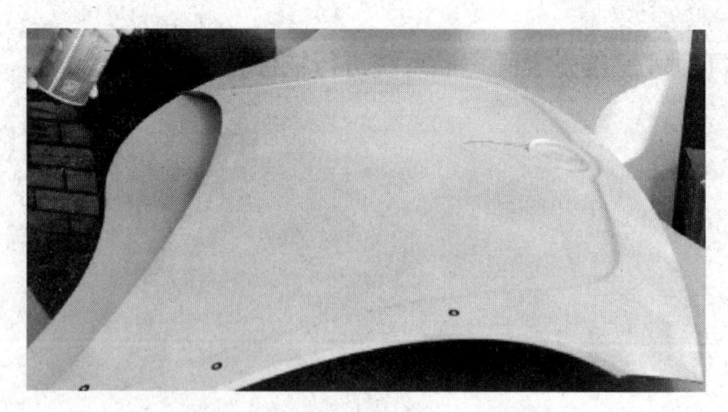

图 2-4-1　汽车发动机盖

资讯学习

为了更好地完成任务，请查阅教材或相关资料，小组讨论后回答以下问题。

1. 结合图 2-4-2 想一想：使用工业近景摄影测量系统获取三维数据前需要准备哪些物品？

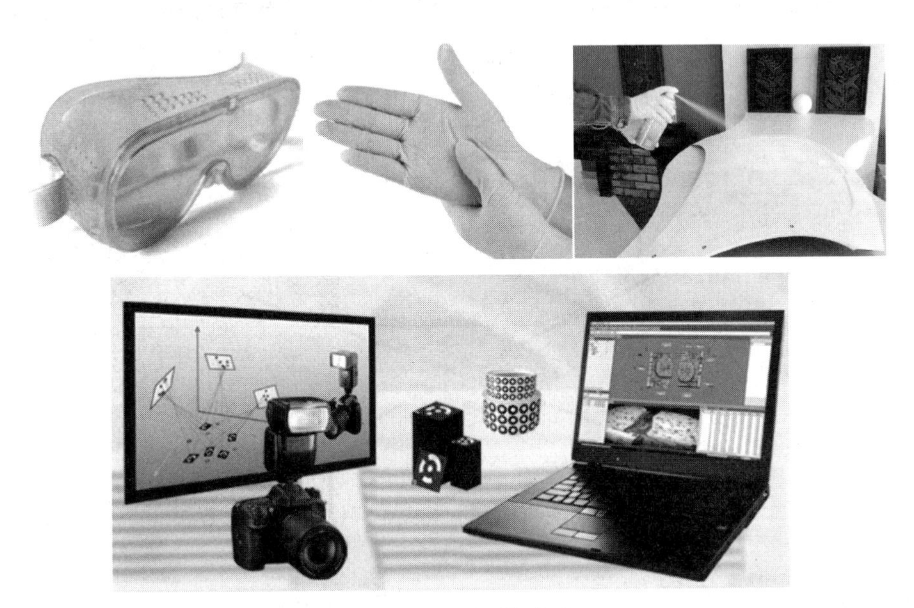

图 2-4-2　物料准备

2. 结合图 2-4-3 想一想：使用工业近景摄影测量系统采集标志点时，需要做哪些前期准备工作？

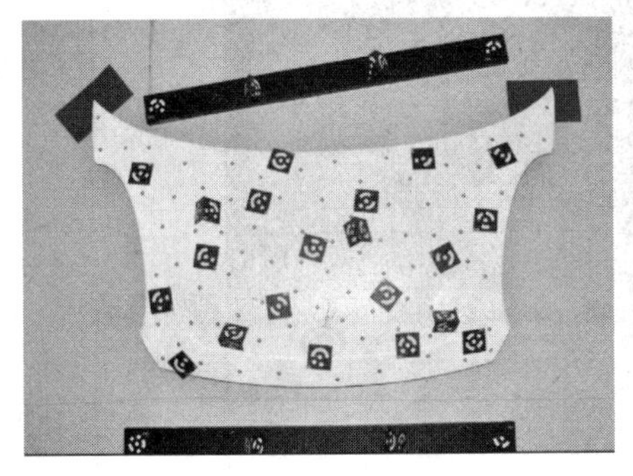

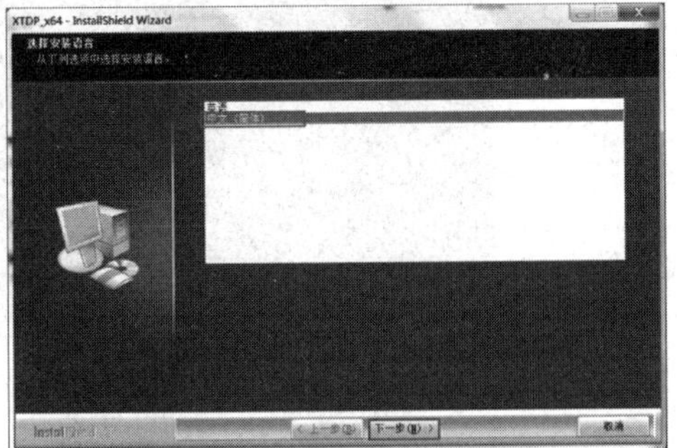

图 2-4-3　工件及软件准备

3. 结合图 2-4-4 所示类平面物体摄影测量拍照策略，想一想：使用摄影测量设备拍摄汽车发动机盖标志点时，相机需要摆放几个角度？各是多少度？每个角度最少需拍摄多少张图片？

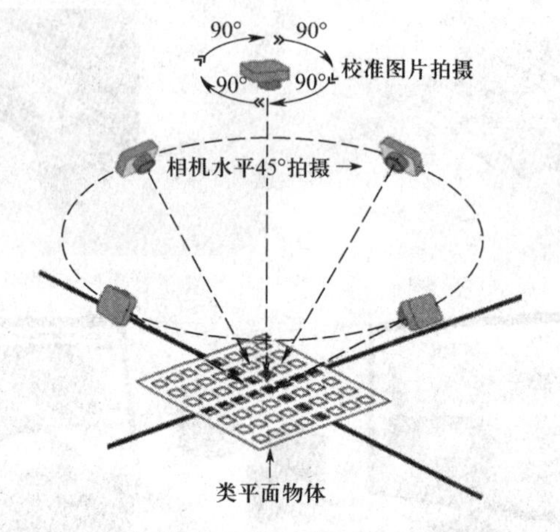

图 2-4-4　类平面物体摄影测量拍照策略

4. 简述图 2-4-5 所示 XTDP 三维光学摄影测量系统界面的组成，以及计算全局标志点的操作步骤。

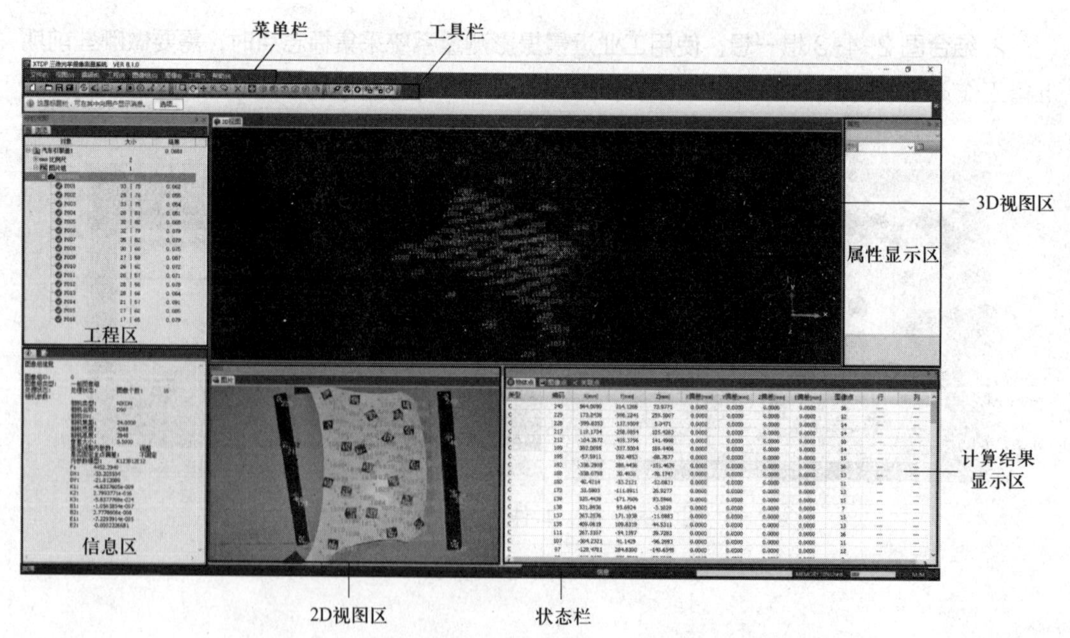

图 2-4-5　XTDP 三维光学摄影测量系统界面

5. 结合图 2-4-6 想一想：打开三维面扫描软件后首先需要做什么操作，才能进行之后的工件点云数据扫描？

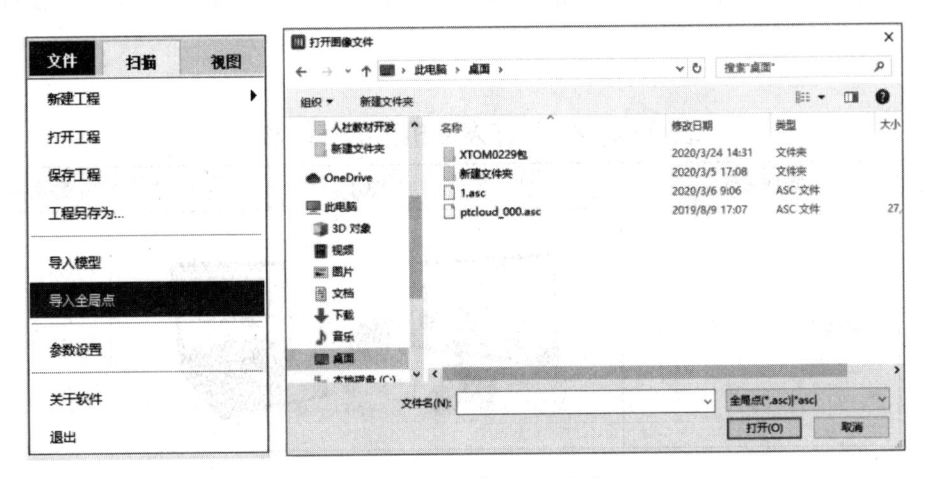

图 2-4-6　导入全局点

任务准备

根据任务要求进行工位自检，并将结果记录在表 2-4-1 中。

▼ 表 2-4-1　工位自检表

姓名		学号	
自检项目			记录
检查工位桌椅是否正常			是□　否□
检查工位计算机能否正常开机			能□　否□
检查工位键盘、鼠标是否完好			是□　否□
检查设备组件是否连接固定好			是□　否□
检查计算机是否安装有所需的摄影测量软件和三维面扫描软件			是□　否□
检查计算机内安装的摄影测量软件、三维面扫描软件能否正常打开			能□　否□

任务实施

根据表 2-4-2 的提示完成汽车发动机盖的三维数字化，每完成一步在相应的步骤后面打“√”。

▼ 表 2-4-2　汽车发动机盖的三维数字化

步骤	操作提示	图示	是否完成
1	准备物料		□
2	粘贴标志点，摆放编码点、标尺，安装摄影测量软件		□

续表

步骤	操作提示	图示	是否完成
3	正确操作摄影测量设备，完成工件表面标志点的拍摄，并保存照片至计算机中		□
4	使用摄影测量软件，完成全局标志点计算，并导出 asc 格式标志点文件		□
5	将 asc 格式标志点文件导入三维面扫描软件中，完成工件点云数据三维扫描、导出		□

展示与评价

一、成果展示

以小组为单位，从下列主题中抽签选择 1 个主题进行现场展示，听取并记录其他小组对本组展示内容的评价和改进建议。

1. 显像剂喷涂、标志点粘贴及标尺摆放演示和讲解。
2. XTDP 三维光学摄影测量系统软件安装流程讲解及注意事项分享。
3. 对准备好的待测实物进行拍照演示。
4. 全局标志点计算演示。

5. 汇总收集各小组遇到的问题，在教师的指导下主持讨论解决方案。

二、任务评价

先按表 2-4-3 所列项目进行自评，再由组长对组员进行评价，将结果填入表中。

▼ 表 2-4-3　任务评价表

序号	考核项目	考核标准	配分 / 分	得分 / 分	
				自评	组长评
1	物料准备	设备、支架、工件、标志点、显像剂等准备齐全	15		
2	拍摄准备	摄影测量软件安装完成	5		
		标志点粘贴合理	5		
		标尺、编码点摆放正确	5		
3	标志点拍摄	相机垂直拍摄照片符合清晰、编码点重叠数量标准、标尺包含在照片内等要求	5		
		相机倾斜拍摄照片符合清晰、编码点重叠数量标准、标尺包含在照片内等要求	5		
		能使用摄影测量软件，完成标志点数据计算	15		
		能成功导出 asc 格式标志点文件	5		
4	工件扫描	能将标志点文件导入三维面扫描软件	5		
		能完成工件扫描，获取点云数据	15		
		扫描数据封装正确	5		
		能成功保存工程文件	5		
5	数据处理	能完成多余数据删减操作	5		
		能完成数据导出操作	5		
合计					

复习巩固

一、填空题

1. 工业近景摄影测量系统由________、________、________、________、________、________、________构成。

2. 拍摄比较平整的钣金工件时，相机拍摄的角度、方向分别是________、________。

3. 工业近景摄影测量系统拍摄的标志点数据，最终需要导入________软件中进行配合使用。

二、选择题

1. 扫描钣金工件时，用显像剂对工件表面进行喷涂的原因是（　　）。

A. 工件比较薄　　B. 工件反光度过高

C. 工件容易变形　　D. 要提高工件标志点的识别率

2. 实物中，编码点的边界形状为（　　）。

A. 方形　　B. 圆形　　C. 三角形　　D. 长方形

3. 将钣金工件平放在工作台上，使用摄影测量设备进行拍摄时，下列操作中错误的是（　　）。

A. 垂直向下拍摄　　B. 向下倾斜 45° 拍摄

C. 水平拍摄　　D. 环绕拍摄

三、判断题

1. 拍摄标志点时，需要先将标尺上的编码点拍摄完整，完全识别到两根标尺后，再继续拍摄采集工件上的非编码点。（　　）

2. 使用工业近景摄影测量系统拍摄并完成标志点计算后，可以将标尺、编码点移除。（　　）

3. 采用三维面扫描系统，并配合工业近景摄影测量系统进行工件扫描时，扫描出的三维数据精度会变差。（　　）

四、简答题

1. 在什么情况下需要使用工业近景摄影测量系统？

2. 使用工业近景摄影测量系统拍摄照片有哪些要求？相机应怎么设置？

3. 使用工业近景摄影测量系统导出的全局控制点后，对 XTOM 三维光学面扫描有何影响？

4. 根据实际操作，分析影响工业近景摄影测量系统计算结果精度的因素有哪些。

任务 5　铸造端盖的三维数字化

明确任务

本任务要求完成铸造端盖（见图 2-5-1）的三维数字化扫描，根据本任务的扫描精度、体积精度、便携性、现场环境适应性等因素要求，可选择手持式激光扫描仪完成任务。扫描前，先对工件进行预处理，再使用手持式激光扫描仪完成三维数字化扫描，然后利用扫描系统自带软件进行数据预处理并完成数据输出。

图 2-5-1 铸造端盖

资讯学习

为了更好地完成任务，请查阅教材或相关资料，小组讨论后回答以下问题。

1. 仔细观察图 2-5-1 所示待测工件，想一想是否需要对工件喷涂显像剂，并说明理由。

2. 简述图 2-5-2 所示手持式激光扫描仪的组成。

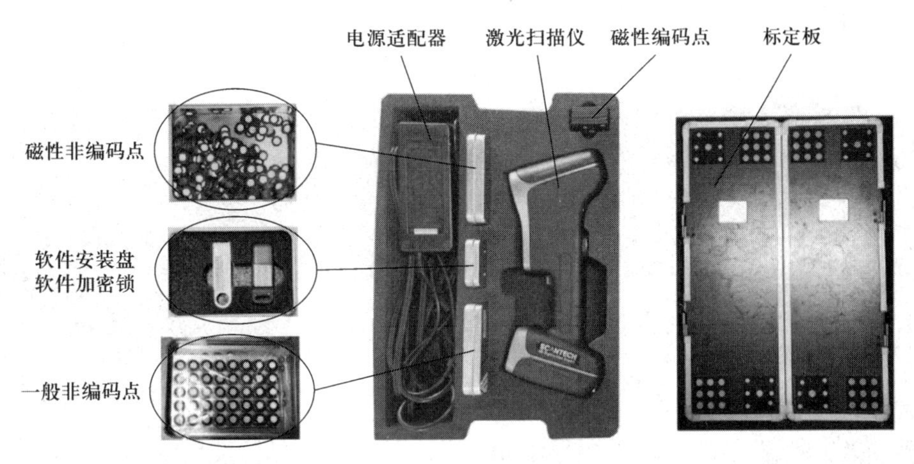

图 2-5-2 手持式激光扫描仪的组成

3. 根据图 2-5-3 简述手持式激光扫描仪的硬件连接顺序。

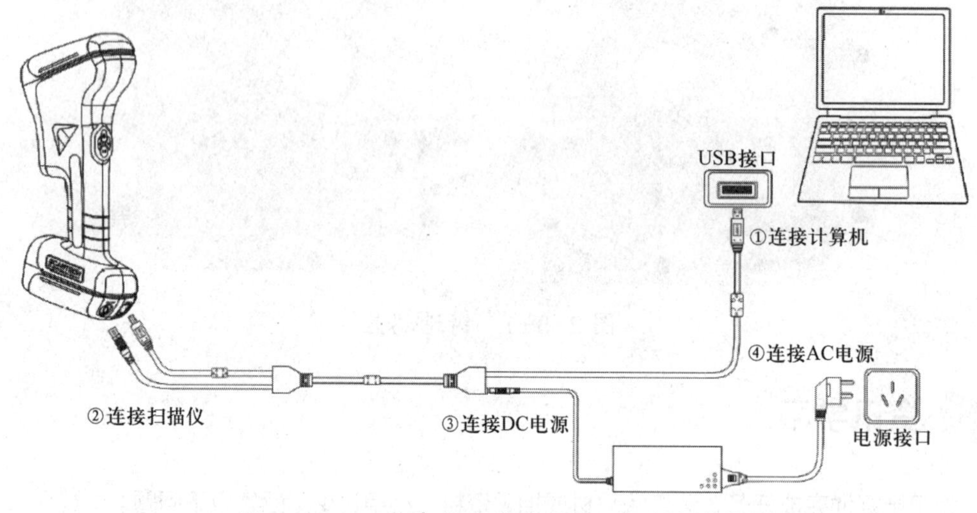

图 2-5-3　手持式激光扫描仪的硬件连接

4. 要打开图 2-5-4 所示扫描系统自带软件的初始化界面，需要在软件安装完成后，将__________插入 USB 接口处。

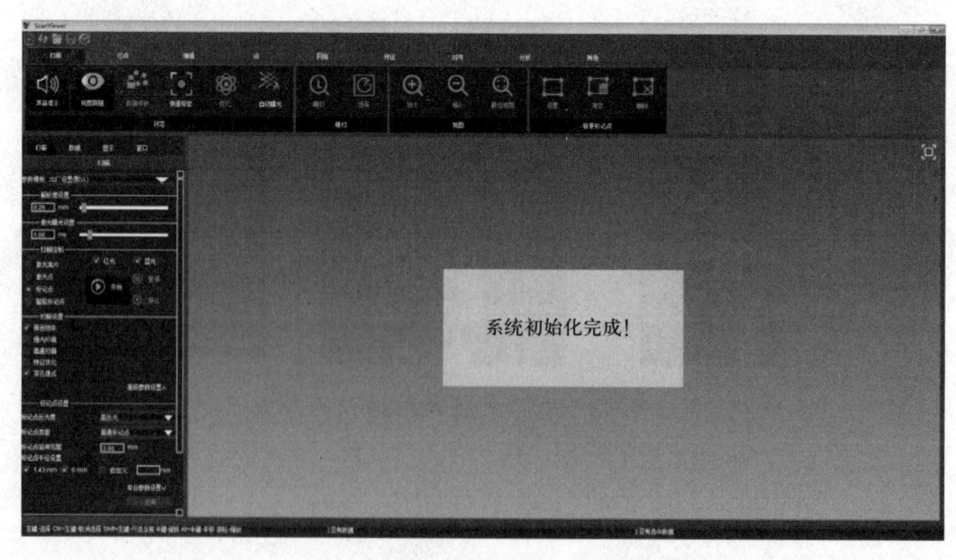

图 2-5-4　系统初始化界面

5. 如图 2-5-5 所示为扫描系统的标定界面，想一想：进行系统标定操作时，标定界面中小圆的大小和梯形分别代表什么？

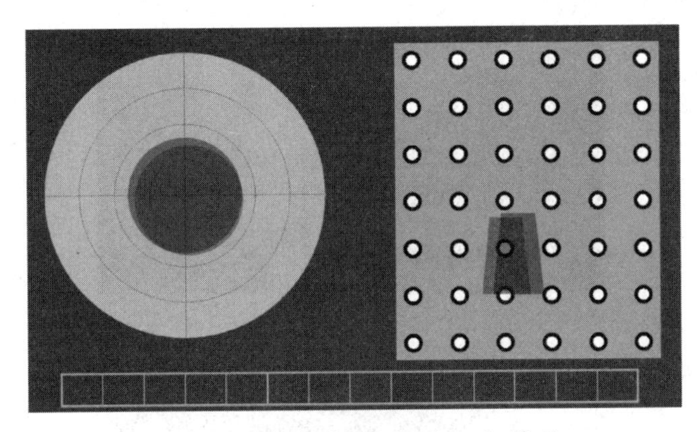

图 2-5-5　扫描系统的标定界面

6. 标定成功后，需要根据客户要求和零件特征数字化要求，对扫描参数进行设置，其中常用的两项参数是__________和__________。

7. 结合图 2-5-6 议一议：给工件表面粘贴标志点时应注意哪些事项？采用手持式激光扫描仪进行三维扫描时，应采用什么材质的标志点？

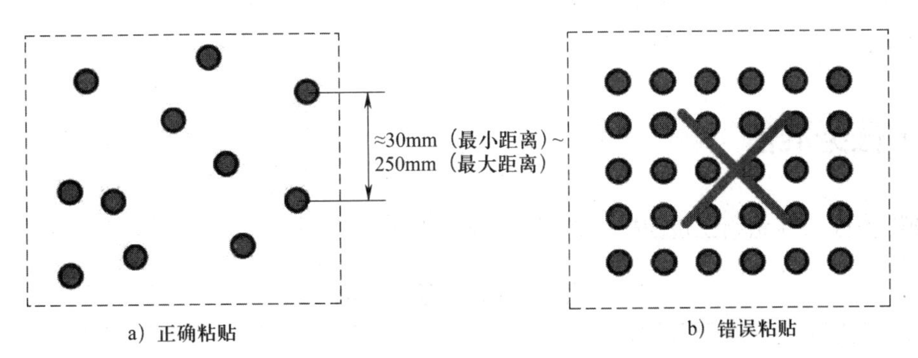

图 2-5-6　标志点的正确粘贴和错误粘贴

8. 激光扫描过程如图 2-5-7 所示，想一想：开始扫描工件顶面时，设备与工件表面的位置关系应是怎样的？扫描工件侧边折角位置时，设备应倾斜多少度？在什么情况下，需要进行数据补充扫描操作？

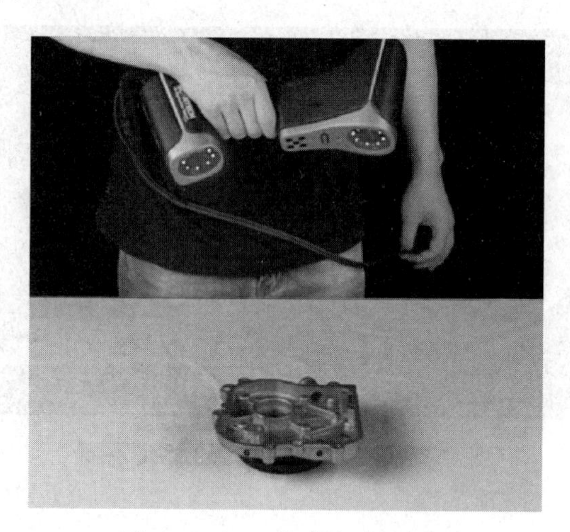

图 2-5-7　激光扫描过程

9. 被测工件主体数据完整即可对其进行保存。一般将扫描数据保存为________格式文件。

任务准备

根据任务要求进行工位自检，并将结果记录在表 2-5-1 中。

▼ 表 2-5-1　工位自检表

姓名		学号	
自检项目			记录
检查工位桌椅是否正常			是□　否□
检查工位计算机能否正常开机			能□　否□
检查工位键盘、鼠标是否完好			是□　否□
检查设备组件是否连接固定好			是□　否□
检查计算机是否安装有所需的手持式激光扫描仪软件			是□　否□
检查手持式激光扫描仪软件能否正常打开			能□　否□

任务实施

根据表 2-5-2 的提示完成铸造端盖的三维数字化，每完成一步在相应的步骤后面打“√”。

▼ 表 2-5-2　铸造端盖的三维数字化

步骤	操作提示	图示	是否完成
1	准备工件		□
2	检查手持式激光扫描仪的配件是否齐全	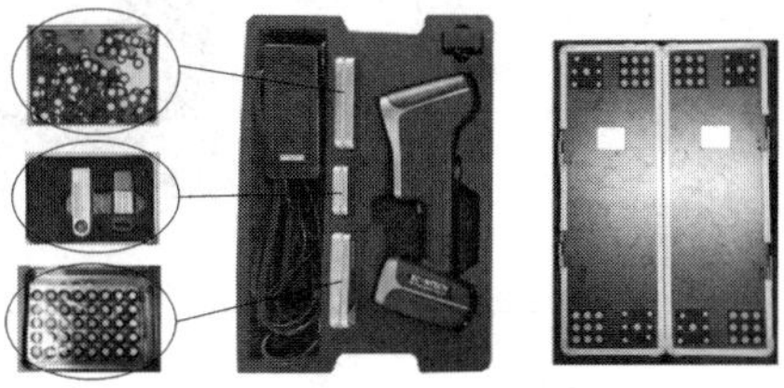	□
3	完成设备的连接，并检查连接是否可靠	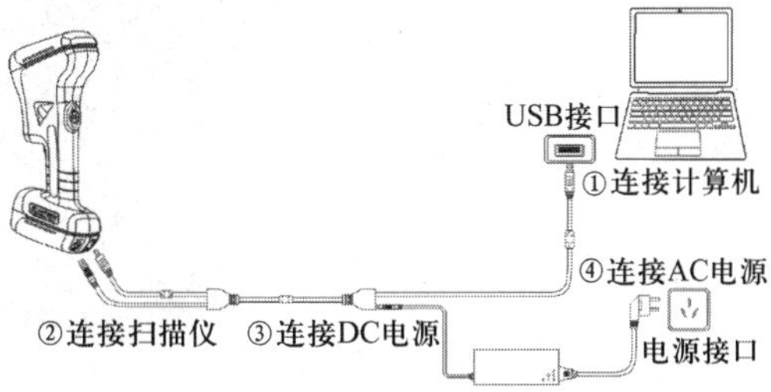 USB接口 ①连接计算机 ④连接AC电源 电源接口 ②连接扫描仪 ③连接DC电源	□
4	完成手持式激光扫描仪软件的安装	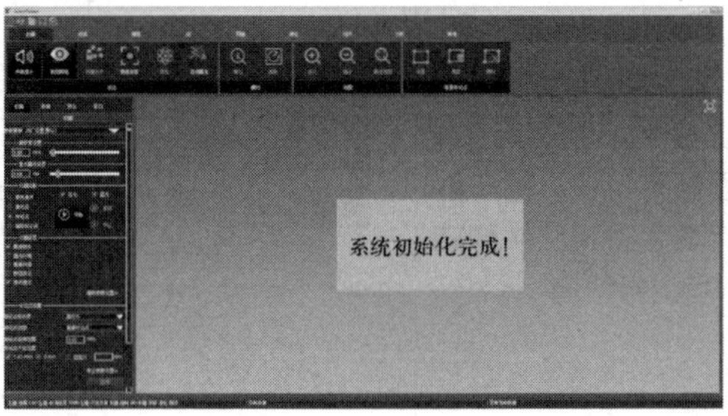 系统初始化完成！	□

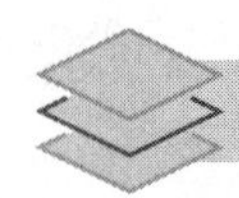

续表

步骤	操作提示	图示	是否完成
5	利用软件完成设备的标定并设置扫描参数		□
6	粘贴标志点		□
7	扫描标志点，构建全局对齐点和坐标系		□
8	扫描工件，注意铸造端盖双面都有特征，待一面扫描完成后需将工件翻转对另一面进行扫描		□

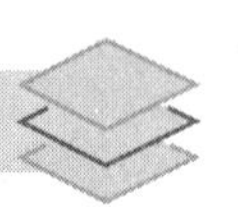

续表

步骤	操作提示	图示	是否完成
9	检查是否存在漏扫、跳跨等缺陷，若存在需进行补充扫描		□
10	输出扫描数据		□

展示与评价

一、成果展示

以小组为单位，从下列主题中抽签选择 1 个主题进行现场展示，听取并记录其他小组对本组展示内容的评价和改进建议。

1. 手持式激光扫描仪硬件连接和软件安装演示。
2. 系统标定演示。
3. 扫描参数设置及工件扫描演示，含对漏扫、跳跨等缺陷的补充扫描演示。
4. 汇总收集各小组遇到的问题，在教师的指导下主持讨论解决方案。

二、任务评价

先按表 2-5-3 所列项目进行自评，再由组长对组员进行评价，将结果填入表中。

▼ 表 2-5-3　任务评价表

序号	考核项目	考核标准	配分 / 分	得分 / 分	
				自评	组长评
1	物料准备	设备、计算机、标志点、工件等准备齐全	10		
2	软硬件准备	能完成手持式激光扫描仪自带软件的安装	5		
		能完成设备硬件连接	5		
		能完成设备标定操作	5		
3	工件准备	标志点粘贴合理	20		
4	工件扫描	扫描参数设置正确	5		
		能完成标志点扫描	15		
		能完成工件正面的扫描	10		
		能完成工件底部的扫描	10		
5	数据处理	能完成多余数据删减操作	5		
6	文件保存	能成功保存工程文件	5		
		能成功输出数据	5		
合计					

复习巩固

一、填空题

1. 手持式激光扫描仪由________、________、________、________、________、________、________等组件构成。

2. 手持式激光扫描仪自带软件中最常用的两项参数设置分别为________和________。

3. 扫描工件的侧边折角位置时，需将设备倾斜________度。

二、选择题

1. 下列配件中，不属于手持式激光扫描仪配件的是（　　）。

A. 标志点　　B. 三脚架　　C. 标定板　　D. 线缆

2. 网格文件的后缀是（　　）。

A. igs　　B. stl　　C. asc　　D. txt

三、判断题

1. 使用手持式激光扫描仪扫描工件时，需要多角度、重复扫描标志点，确保每个方位的标志点过渡识别流畅。（　　）

2. 手持式激光扫描仪采用的标志点，表面属于高反光材质。（　　）

3. 工件进行翻转扫描时，需要借助工件侧面的公共标志点进行过渡扫描。（　　）

4. 扫描工件时，可以将设备放到很远或很近的位置进行扫描，但不可随意抖动或快速移动设备进行扫描。（　　）

四、简答题

1. 手持式激光扫描仪与 XTOM 三维光学面扫描仪最大的区别是什么？

2. 使用手持式激光扫描仪时，对扫描手法有什么要求？

任务 6　陶俑的三维数字化

明确任务

本任务要求完成陶俑（见图 2-6-1）的三维数字化扫描，根据文物三维数字化对三维模型、表面颜色信息及避免二次损伤的要求，可选择带有全彩纹理的三维扫描仪来进行数字化工作。

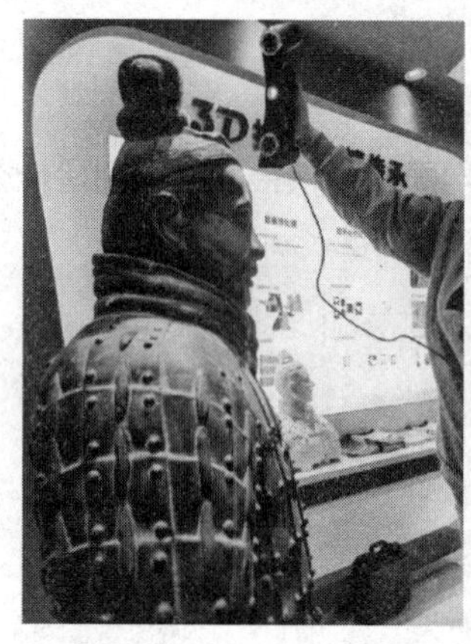

图 2-6-1　陶俑

资讯学习

为了更好地完成任务，请查阅教材或相关资料，小组讨论后回答以下问题。

1. 简述图 2-6-2 所示手持式全彩扫描仪的组成。

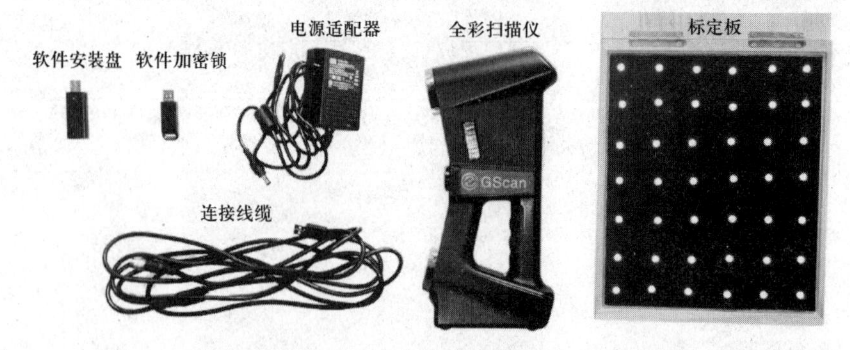

图 2-6-2　手持式全彩扫描仪的组成

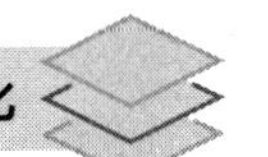

2. 根据图 2-6-3 简述手持式全彩扫描仪的硬件连接顺序。

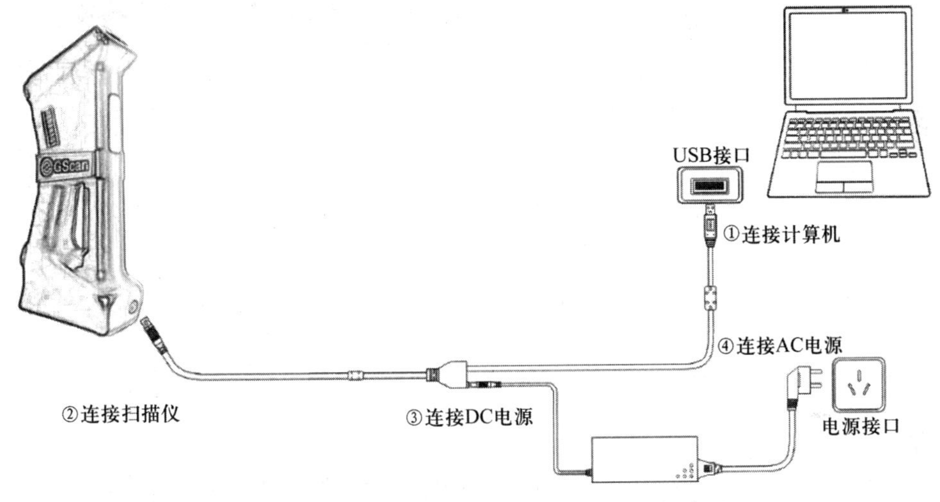

图 2-6-3　手持式全彩扫描仪的硬件连接

3. 在什么情况下需要导入设备参数？如何导入设备参数？

4. 试结合图 2-6-4 说一说：手持式全彩扫描仪的标定操作需要多少步？分别是什么？

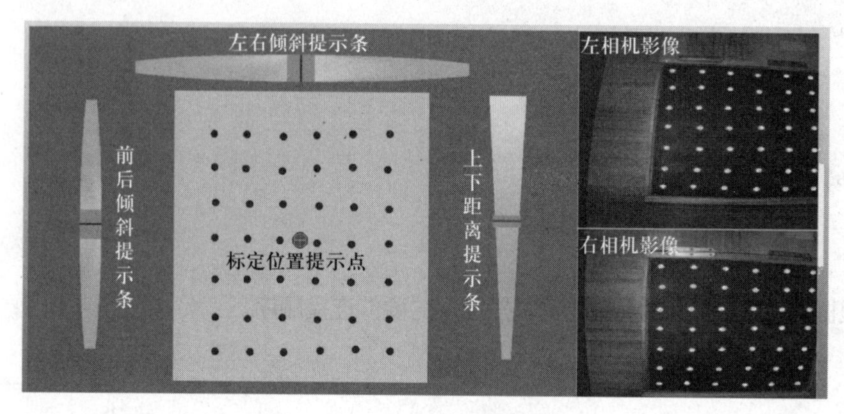

图 2-6-4　设备标定界面

5. 设备标定完成后，即可开始对实物进行扫描，如图 2-6-5 所示。试简述用手持式全彩扫描仪扫描工件的具体步骤、操作方法和注意事项。

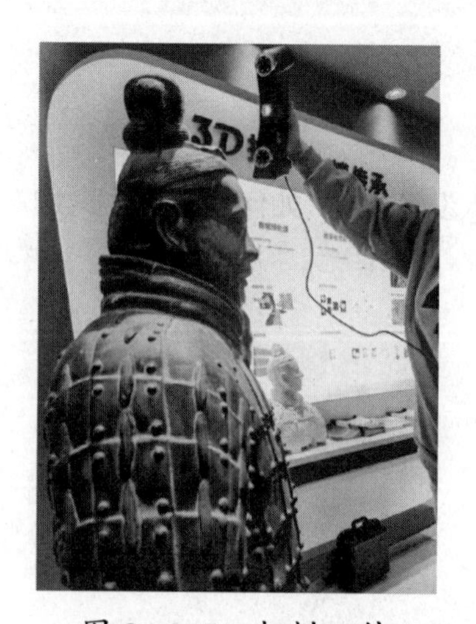

图 2-6-5　扫描工件

6. 对扫描数据进行预处理的两步操作分别是________和__________。

7. 数据导出过程中会生成至少三个类型的文件，即______________文件、______________文件、__________文件。

任务准备

根据任务要求进行工位自检，并将结果记录在表 2-6-1 中。

▼ 表 2-6-1　工位自检表

姓名		学号	
自检项目			**记录**
检查工位桌椅是否正常			是□　否□
检查工位计算机能否正常开机			能□　否□
检查工位键盘、鼠标是否完好			是□　否□
检查设备组件是否连接固定好			是□　否□
检查计算机是否安装有所需的手持式全彩扫描仪软件			是□　否□
检查手持式全彩扫描仪软件能否正常打开			能□　否□

任务实施

根据表 2-6-2 的提示完成陶俑的三维数字化，每完成一步在相应的步骤后面打“√”。

▼ 表 2-6-2　陶俑的三维数字化

步骤	操作提示	图示	是否完成
1	准备设备组件	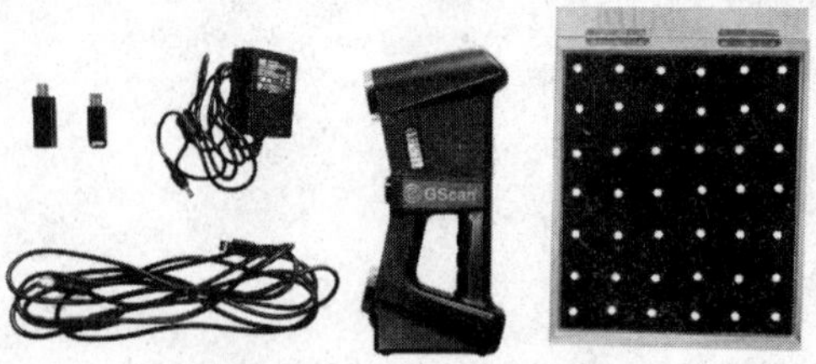	☐
2	安装软件		☐
3	完成设备的连接，并检查连接是否可靠	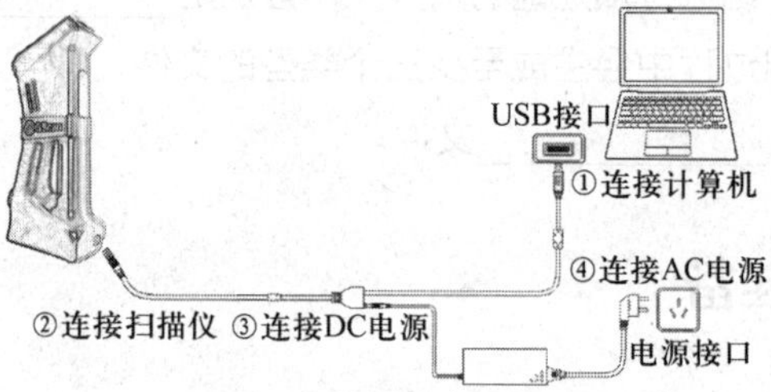	☐
4	将设备参数导入软件		☐
5	进行设备标定	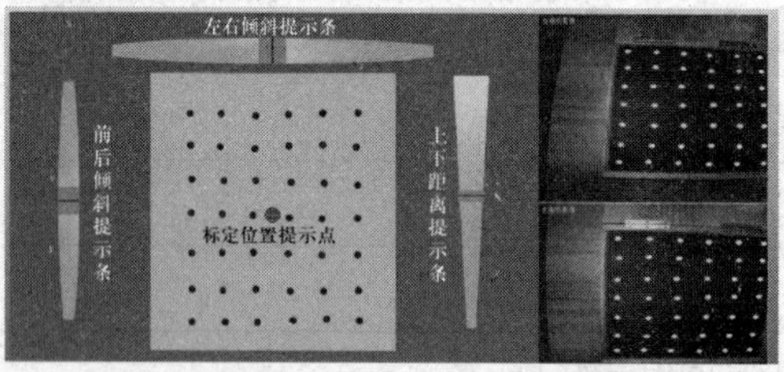	☐
6	设置扫描模式，预览并完成扫描	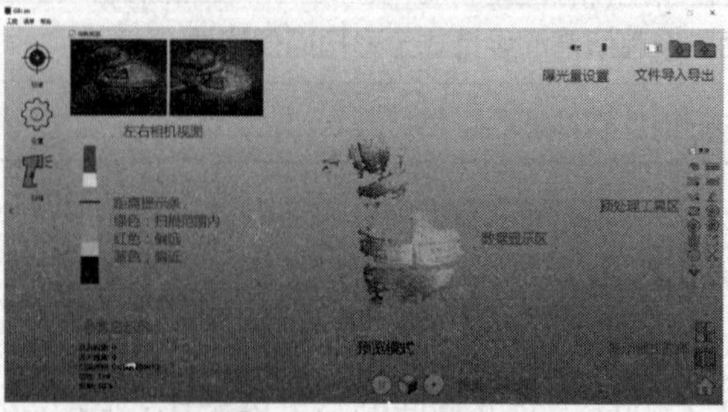	☐

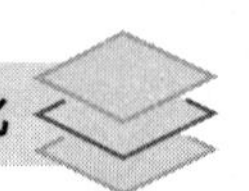

续表

步骤	操作提示	图示	是否完成
7	对扫描数据进行表面优化		□
8	对优化后的数据进行纹理贴图		□
9	导出 obj 格式彩色文件		□

展示与评价

一、成果展示

以小组为单位，从下列主题中抽签选择 1 个主题进行现场展示，听取并记录其他小组对本组展示内容的评价和改进建议。

1. 手持式全彩扫描仪硬件安装演示。
2. 手持式全彩扫描仪标定演示。
3. 扫描和数据预处理过程演示及注意事项讲解。
4. 汇总收集各小组遇到的问题，在教师的指导下主持讨论解决方案。

二、任务评价

先按表 2-6-3 所列项目进行自评，再由组长对组员进行评价，将结果填入表中。

▼ 表 2-6-3　任务评价表

序号	考核项目	考核标准	配分/分	得分/分	
				自评	小组评
1	物料准备	设备、计算机、工件等准备到位	10		
2	软硬件准备	能完成手持式全彩扫描仪软件的安装	5		
		能完成设备硬件连接	5		
		能完成设备标定操作	10		
3	工件扫描	设备参数导入正确	10		
		扫描的点云数据完整	30		
4	数据处理	能完成数据优化操作	10		
		能完成纹理贴图操作	10		
5	文件保存	能成功保存工程文件	5		
		能成功输出数据	5		
合计					

复习巩固

一、填空题

1. 手持式全彩扫描仪由________、________、________、________、________、________等组件构成。

2. 文物数字化的最终数据一般要同时具备三维模型和__________信息，还要求不能有红外光线照射。可以看出，前面是对数据的要求，后面是对__________的要求。

3. 扫描完成后，导出的 png 文件是__________文件。

二、判断题

1. 使用手持式全彩扫描仪时，需要先扫描工件上粘贴的标志点。 (　　)

2. 使用手持式全彩扫描仪扫描出来的数据不能编辑。 (　　)

3. 纹理贴图操作的作用是将工件的彩色纹理信息通过软件计算，映射到 3D 数据的表面。 (　　)

三、技能题

1. 以小组为单位，使用手持式全彩扫描仪进行学生之间的相互扫描，并总结在人物扫描过程中出现的问题和解决办法。

2. 使用手持式全彩扫描仪进行校内雕塑的扫描，并总结室外扫描需要注意的事项和解决办法。

项目三

点云数据处理

任务 1　雕塑花瓶的数据处理

明确任务

三维点云数据不能直接用于 3D 打印等操作，因此还需对扫描得到的数据做进一步处理。本任务要求使用点云处理专用软件（见图 3-1-1）对项目二任务 3 中雕塑花瓶的三维点云数据进行降噪、着色、填充、封装等处理，再进行坐标对齐和面片数据处理，最后导出可用于单色 3D 打印的 stl 数据。

图 3-1-1　Geomagic Wrap 软件

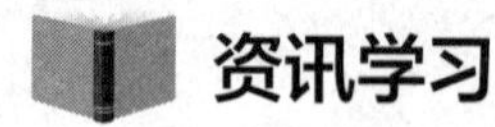

资讯学习

为了更好地完成任务，请查阅教材或相关资料，小组讨论后回答以下问题。

1. 如图 3-1-2 所示，安装 Geomagic Wrap 软件过程中，需要根据提示安装哪两个插件程序?

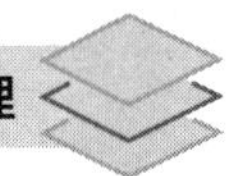

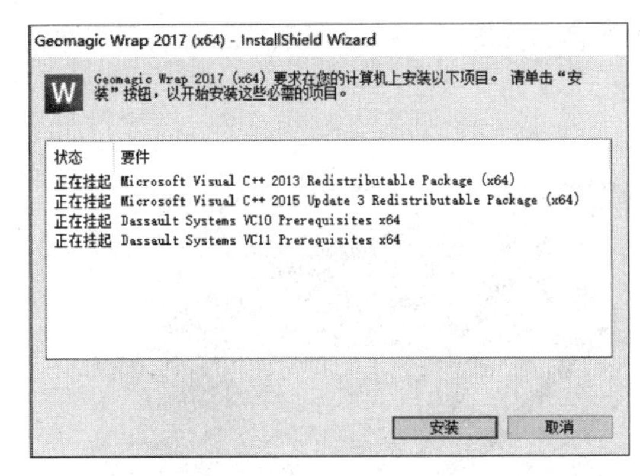

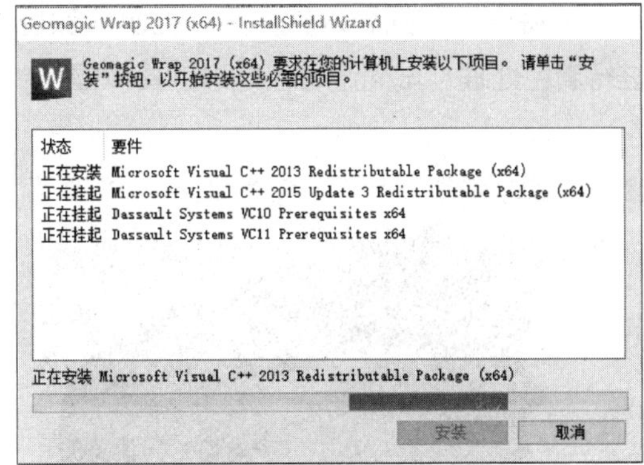

图 3-1-2　安装插件程序

2. 根据图 3-1-3 说一说：Geomagic Wrap 软件界面由哪些功能区域组成？

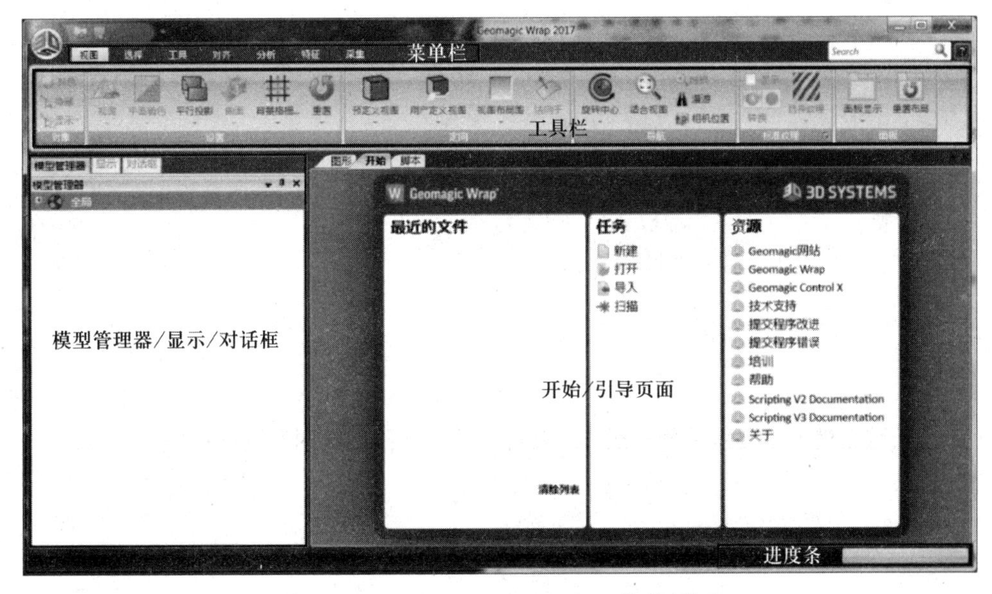

图 3-1-3　Geomagic Wrap 软件界面

3. 将点云数据导入软件后，显示的颜色为黑色，如图 3-1-4a 所示，此时需要对数据进行着色处理，试简述着色处理的具体操作步骤。

a)　　b)

图 3-1-4　点云数据着色

4. 点云数据处理主要包括哪些操作？在什么情况下不需要对数据进行采样处理？

5. 观察并分析图 3-1-5，说出坐标对齐的三个主要操作步骤。

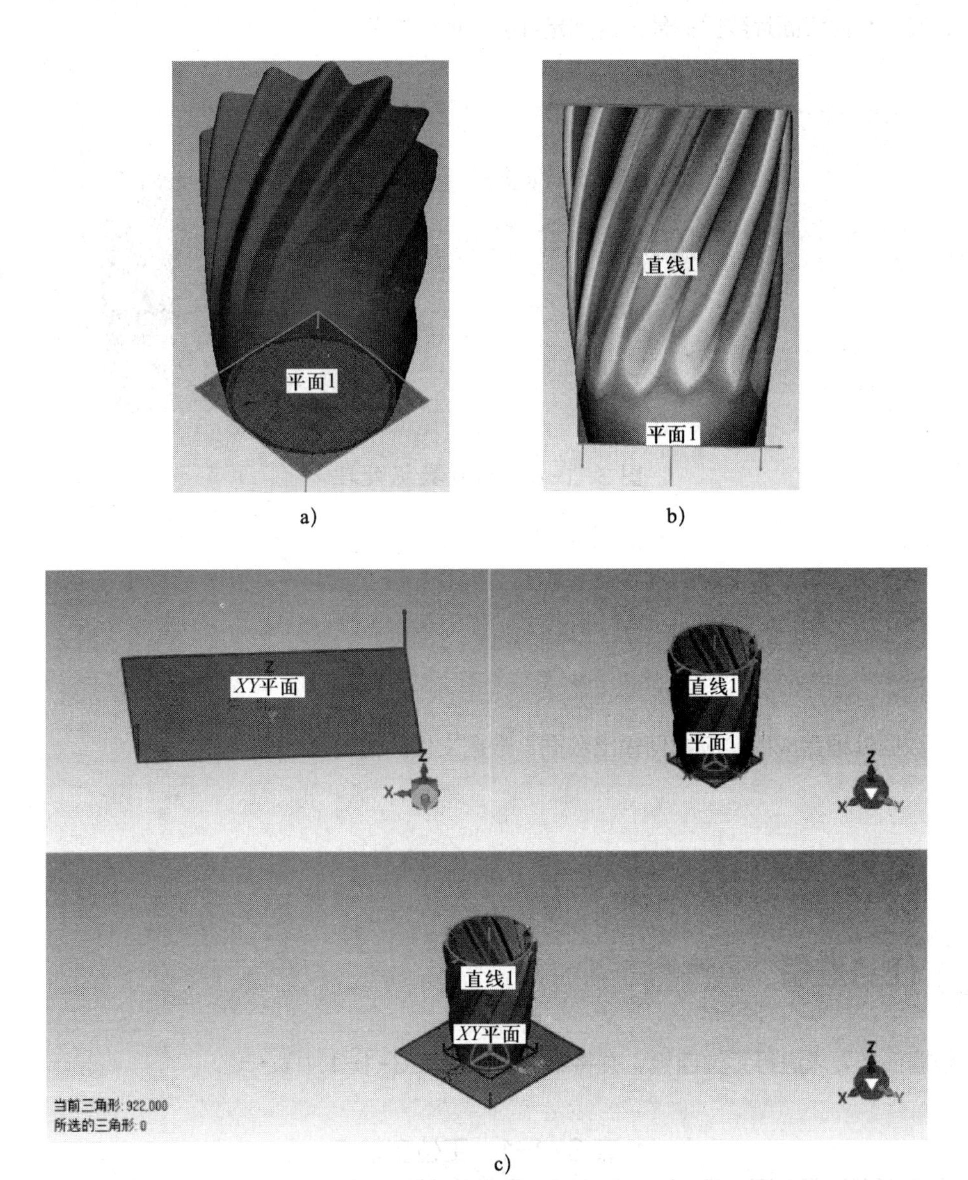

图 3-1-5　坐标对齐操作

6. 结合图 3-1-6 说一说：将粗糙的面片数据修改为放大 10 倍的实体数据，需要哪些操作？实体数据和面片数据的最大区别是什么？如何判断？

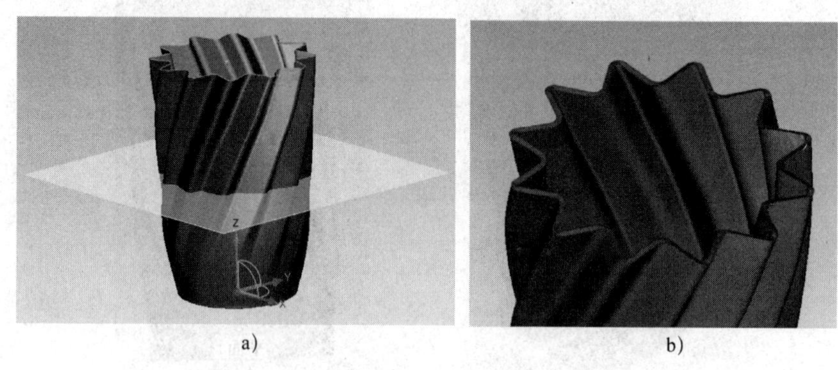

a)　　　　b)

图 3-1-6　面片数据处理

7. 数据处理完成后，应如何输出数据？数据文件的格式是什么？

任务准备

根据任务要求进行工位自检，并将结果记录在表 3-1-1 中。

▼ 表 3-1-1　工位自检表

姓名		学号	
自检项目			记录
检查工位桌椅是否正常			是□　否□
检查工位计算机能否正常开机			能□　否□
检查工位键盘、鼠标是否完好			是□　否□
检查计算机是否安装有 Geomagic Wrap 软件			是□　否□
检查计算机中 Geomagic Wrap 软件能否正常打开			能□　否□

任务实施

根据表 3-1-2 的提示完成雕塑花瓶的数据处理，每完成一步在相应的步骤后面打“√”。

▼ 表 3-1-2 雕塑花瓶的数据处理

步骤	内容	操作提示	图示	是否完成
1	软件安装	安装语言选择“中文（简体）”，根据安装向导完成软件安装		□
2	数据导入	（1）导入点云数据		□
		（2）给点云数据着色		□

续表

<table>
<tr><th>步骤</th><th>内容</th><th>操作提示</th><th>图示</th><th>是否完成</th></tr>
<tr><td rowspan="3">3</td><td rowspan="3">数据处理</td><td>（1）删除非连接项和体外孤点</td><td>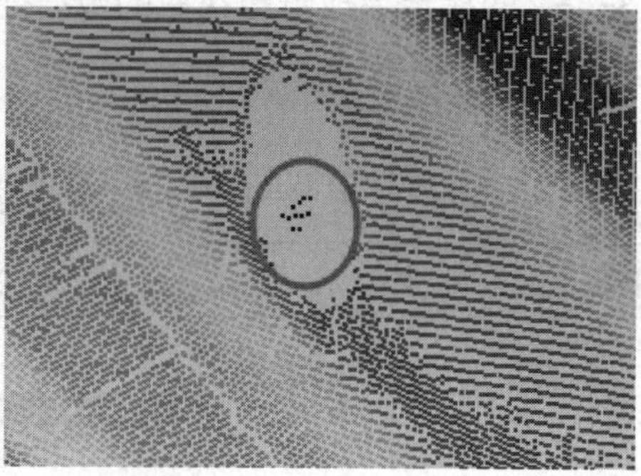</td><td>□</td></tr>
<tr><td>（2）进行点云数据降噪处理</td><td>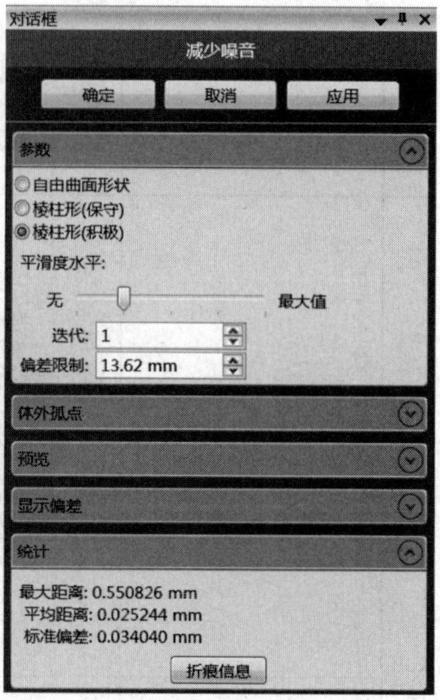
</td><td>□</td></tr>
<tr><td>（3）将点云数据封装成网格面片</td><td></td><td>□</td></tr>
</table>

续表

步骤	内容	操作提示	图示	是否完成
3	数据处理	（4）填补孔洞		□
		（5）使用“砂纸”工具，对局部数据进行平滑处理		□
		（6）使用“松弛”工具，对整体数据进行平滑处理		□

续表

步骤	内容	操作提示	图示	是否完成
3	数据处理	（7）使用“删除钉状物”工具，对数据表面一些细小凸起杂质进行修复	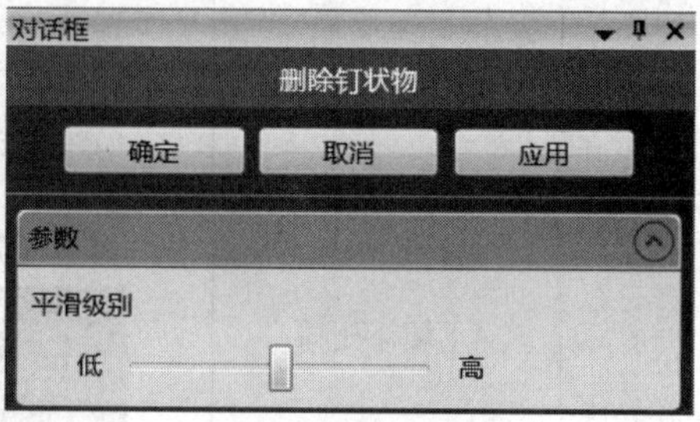	□
		（8）使用“快速光顺”工具，对数据进行光顺处理	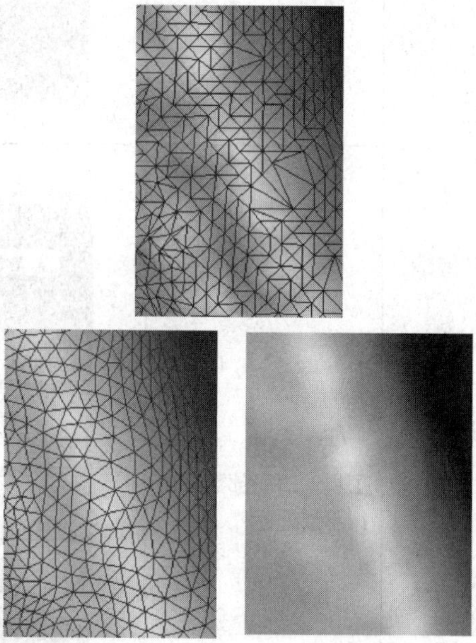	□
		（9）使用“套索”工具，选取有缺陷的数据，进行删除、补孔处理	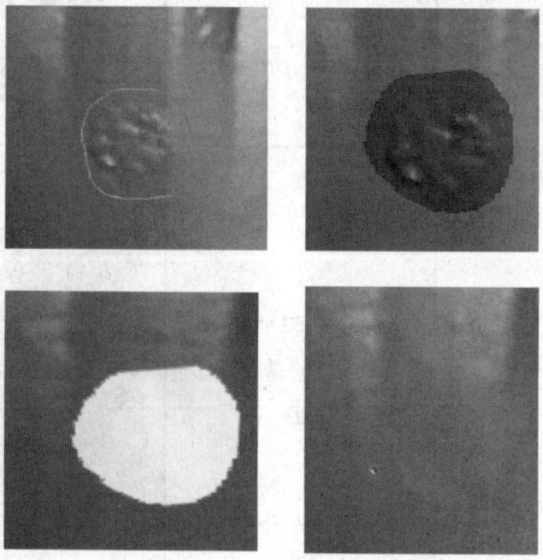	□

续表

步骤	内容	操作提示	图示	是否完成
3	数据处理	（10）使用“去除特征”工具，对缺陷数据进行自动修复		□
4	坐标对齐	（1）拟合平面特征		□
		（2）拟合直线特征		□

续表

步骤	内容	操作提示	图示	是否完成
4	坐标对齐	（3）对齐坐标	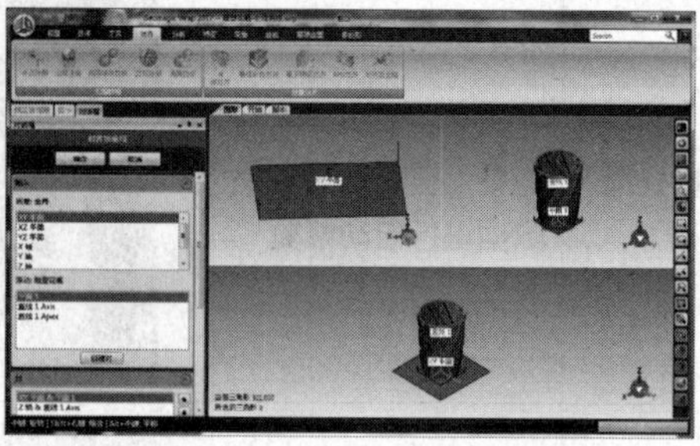	□
5	面片数据处理	（1）用平面裁剪瓶口		□
		（2）将模型按要求放大 10 倍	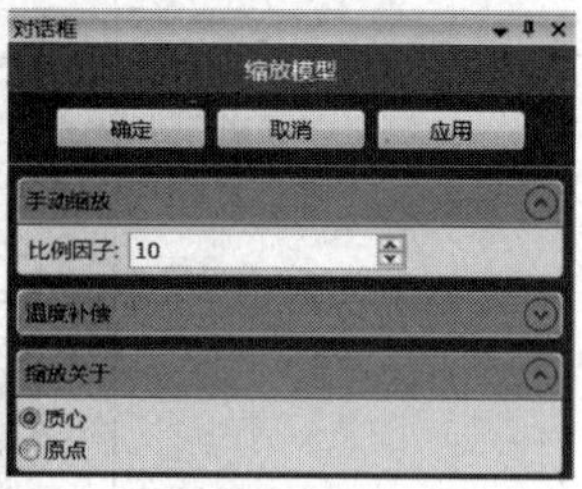 对话框 缩放模型 确定 取消 应用 手动缩放 比例因子: 10 温度补偿 缩放关于 质心 原点	□
		（3）给定壁厚		□
6	数据输出	输出 stl 数据	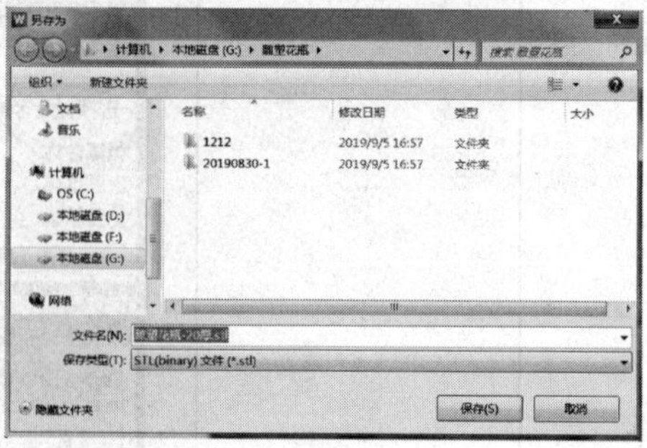 另存为 计算机 ▸ 本地磁盘 (G:) ▸ 组织 ▾ 新建文件夹 文档 音乐 计算机 OS (C:) 本地磁盘 (D:) 本地磁盘 (F:) 本地磁盘 (G:) 网络 名称 修改日期 类型 大小 1212 2019/9/5 16:57 文件夹 20190830-1 2019/9/5 16:57 文件夹 文件名(N): 保存类型(T): STL(binary) 文件 (*.stl) 隐藏文件夹 保存(S) 取消	□

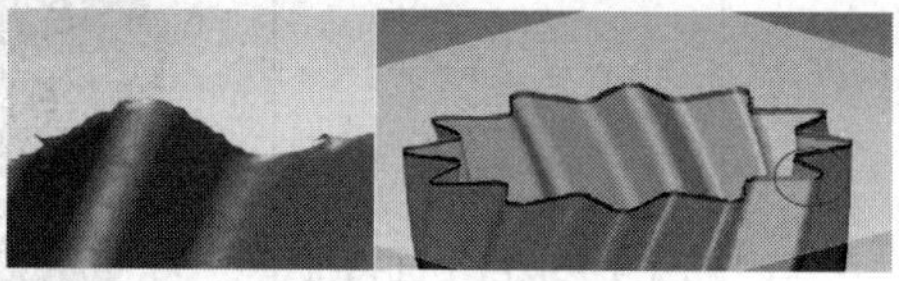

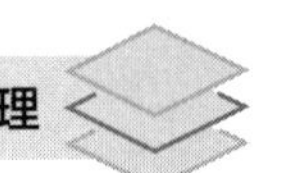

展示与评价

一、成果展示

以小组为单位派出代表展示本小组的作品和学习成果，听取并记录其他小组对本组作品的评价和改进建议。

二、任务评价

先按表 3-1-3 所列项目进行自评，再由组长对组员进行评价，将结果填入表中。

▼ 表 3-1-3　任务评价表

<table>
<tr><th rowspan="2">序号</th><th rowspan="2">考核项目</th><th rowspan="2">考核标准</th><th rowspan="2">配分 / 分</th><th colspan="2">得分 / 分</th></tr>
<tr><th>自评</th><th>组长评</th></tr>
<tr><td>1</td><td>软件安装</td><td>能完成软件安装</td><td>10</td><td></td><td></td></tr>
<tr><td>2</td><td>数据导入</td><td>能完成数据导入</td><td>5</td><td></td><td></td></tr>
<tr><td rowspan="4">3</td><td rowspan="4">数据修复</td><td>能完成点云着色</td><td>5</td><td></td><td></td></tr>
<tr><td>能完成点云修复</td><td>15</td><td></td><td></td></tr>
<tr><td>能完成点云封装</td><td>5</td><td></td><td></td></tr>
<tr><td>能完成面片修复</td><td>15</td><td></td><td></td></tr>
<tr><td rowspan="2">4</td><td rowspan="2">坐标对齐</td><td>能正确创建平面、直线特征</td><td>15</td><td></td><td></td></tr>
<tr><td>能准确对齐坐标</td><td>10</td><td></td><td></td></tr>
<tr><td rowspan="2">5</td><td rowspan="2">面片实体化</td><td>能完成面片裁剪</td><td>5</td><td></td><td></td></tr>
<tr><td>能正确生成壁厚</td><td>5</td><td></td><td></td></tr>
<tr><td>6</td><td>数据保存</td><td>能完成 stl 数据输出</td><td>10</td><td></td><td></td></tr>
<tr><td colspan="4">合计</td><td></td><td></td></tr>
</table>

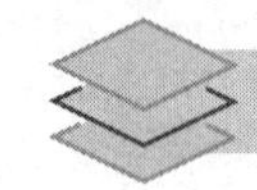

复习巩固

一、填空题

1. Geomagic Wrap 软件初始界面中，菜单栏由________、________、________、________、________、________、________等菜单组成。

2. 导入的数据会显示在__________窗口区域中。

3. 在修复填充大孔时，应先使用“多边形”工具组的“填充单个孔”工具中的__________命令搭建通过孔的桥梁，以将复杂的孔分为更小的孔，以便更准确地进行填充。

二、判断题

1. 点云数据和面片数据可以通过封装、转化操作进行相互切换。（　　）

2. 可以通过“最佳拟合”功能创建平面特征，也可以使用“快捷特征”功能自动创建平面特征。（　　）

3. 选好工件的一部分数据后，如果想选择另一半数据，只能取消选择后重新选择，不能进行反向选择。（　　）

4. 面片数据和实体数据都可以用于 3D 打印。（　　）

三、简答题

1. 在被扫描物体上过多地粘贴非编码点，对后期点云数据处理有什么影响？

2. 扫描石膏人像并进行点云数据处理的一般操作步骤是什么？

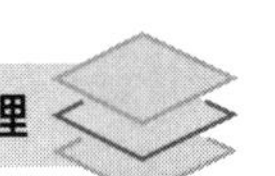

任务 2　陶俑的数据处理与像素化创新

明确任务

文物三维模型主要用于在线三维展示、数据存档或 3D 高精度打印，本任务要求使用 Geomagic Wrap 软件对前期扫描的陶俑阶段性数据（见图 3-2-1）进行拼接和融合处理，并按照博物馆的需求，将数据处理成适合在线展示的全彩三维模型和适合高精度 3D 打印的三维模型。

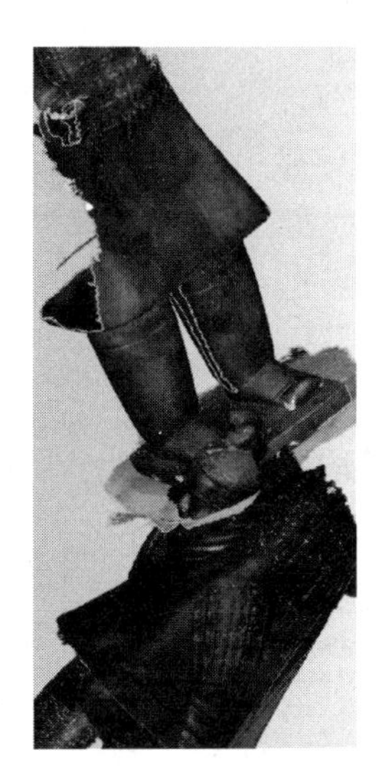

图 3-2-1　陶俑三维数据

资讯学习

为了更好地完成任务，请查阅教材或相关资料，小组讨论后回答以下问题。

1. 进行数据拼接时，导入的数据文件是什么格式的？

2. 单击“对齐”菜单中的“手动注册”工具会出现如图 3-2-2 所示手动注册界面，试简述如何用软件进行手动对齐操作。在手动对齐操作中，选取公共特征点时应注意什么？

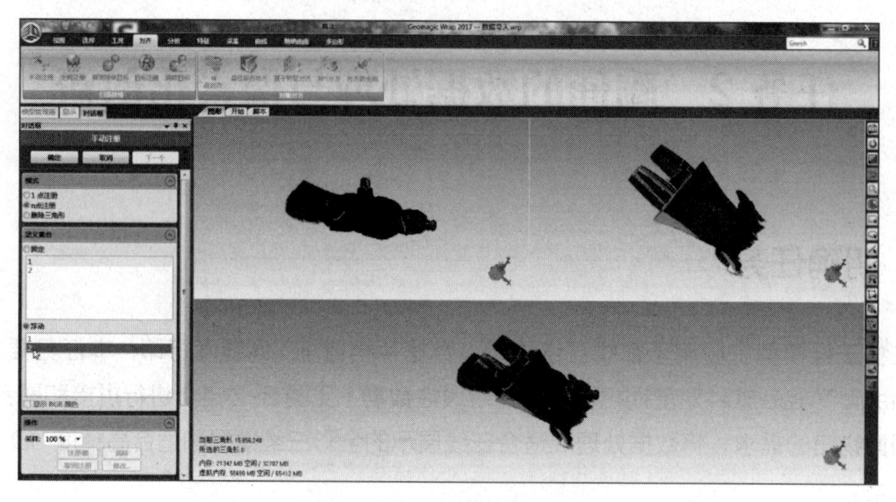

图 3-2-2　手动注册界面

3. 将扫描数据对齐后，还需要将这些分阶段数据进行合并，最终形成一个完整的数据，如图 3-2-3 所示。简述进行数据合并的主要操作步骤，并思考如果在合并操作中再次使用了“全局注册”功能会有什么影响。

图 3-2-3　数据合并结果

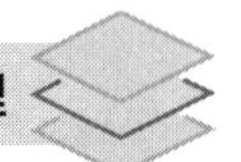

4. 分阶段数据合并完成后，常会出现孔洞、重叠面、尖锐凸出等问题，如图 3-2-4 所示，需要反馈给数字化人员进行数据修复。数据修复一般需要进行哪三步操作？数据修复完成后，应输出什么格式的文件？

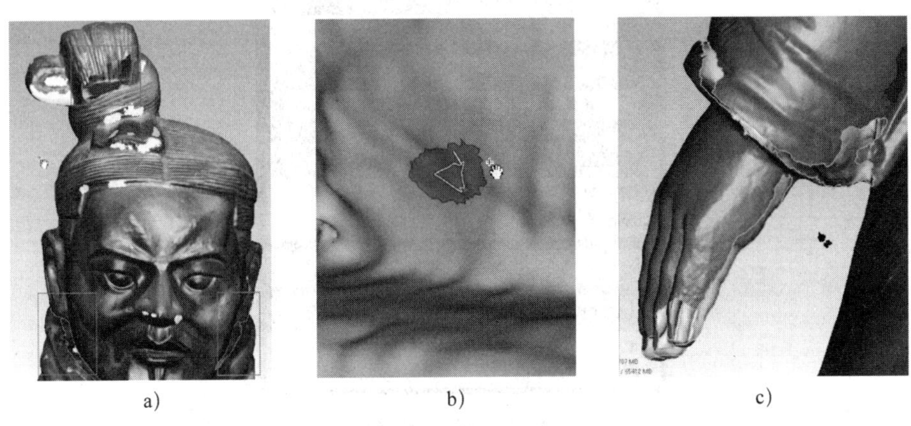

a)　　b)　　c)

图 3-2-4　合并后的数据存在孔洞、重叠面

5. 数据修复完成后，为什么还需要生成纹理？简述输出纹理的具体操作方法及输出文件的格式。

6. 若要进行陶俑的 3D 打印，还需要根据具体需求进行数据缩放，如图 3-2-5 所示。想一想：如果要打印 1/8 尺寸的模型，则应在数据缩放操作中将比例因子设置为多少？如果数据表面有孔洞、缺失等，是否能进行打印？

图 3-2-5　进行模型缩放

7. 数据用于数字化展示时，一般有什么要求？进行简化操作时，为什么要勾选“曲率优先”功能？

8. 仔细观察图 3-2-6，说一说：陶俑数据像素分别简化 1%、0.03% 后，数据的网格面片会有什么变化?

a）简化1%　　b）简化0.03%

图 3-2-6　陶俑数据像素简化

任务准备

根据任务要求进行工位自检，并将结果记录在表 3-2-1 中。

▼ 表 3-2-1　工位自检表

姓名		学号	
自检项目			记录
检查工位桌椅是否正常			是□　否□
检查工位计算机能否正常开机			能□　否□
检查工位键盘、鼠标是否完好			是□　否□
检查计算机是否安装有 Geomagic Wrap 软件			是□　否□
检查计算机中 Geomagic Wrap 软件能否正常打开			能□　否□

任务实施

根据表 3-2-2 的提示完成陶俑的数据处理与像素化创新，每完成一步在相应的步骤后面打“√”。

▼ 表 3-2-2　陶俑的数据处理与像素化创新

步骤	内容	操作提示	图示	是否完成
1	导入数据	分阶段数据导入：将三个分阶段扫描的 obj 数据全部导入 Geomagic Wrap 软件		□
2	手动对齐	（1）数据 2 和数据 1 手动注册对齐 （2）数据 3 和数据 1 手动注册对齐		□
		（3）将三个分阶段数据进行合并		□

续表

步骤	内容	操作提示	图示	是否完成
3	数据修复	（1）孔洞和重叠面修复		□
		（2）底部裁剪		□
		（3）利用“网格医生”工具进行自动检测和修复	模型管理器 显示 对话框 对话框 网格医生 确定 取消 应用 操作 类型 操作 分析 非流形边 自相交 0 高度折射边 0 钉状物 0 小组件 0 小通道 0 小孔 0 更新 排查 0/0 剪切平面	□

续表

步骤	内容	操作提示	图示	是否完成
4	生成纹理	将已拼接处理好的数据的纹理输出成图片文件	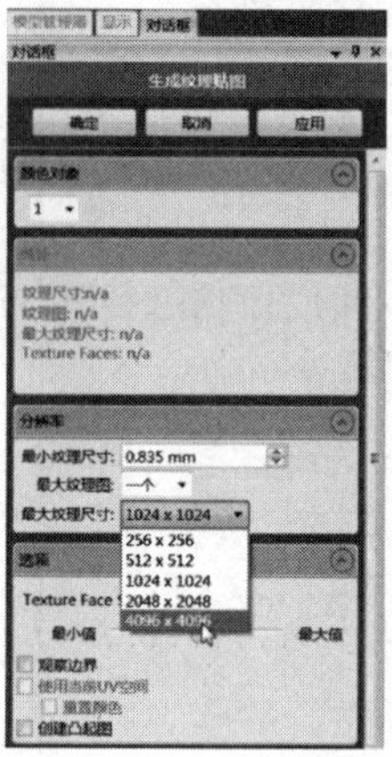	□
5	输出纹理	保存纹理贴图文件	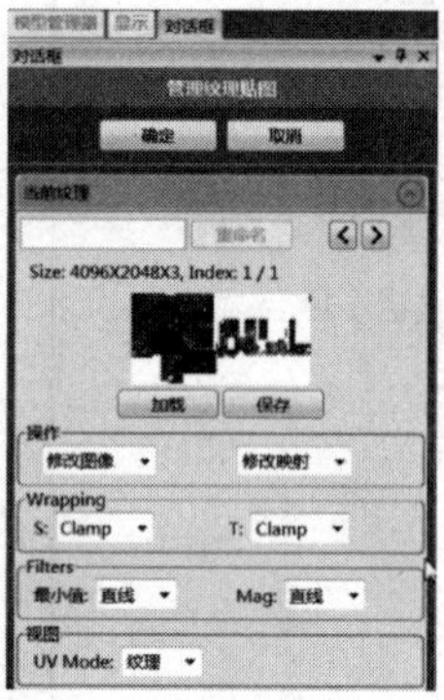	□
6	扩展操作一：数字化展示用数据导出	简化数据，导出obj数据	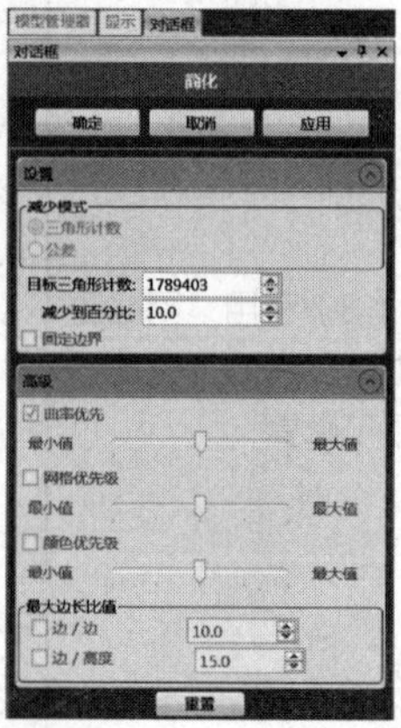	□

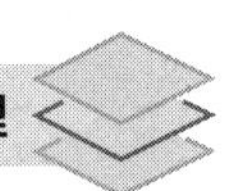

续表

步骤	内容	操作提示	图示	是否完成
7	扩展操作二：3D 打印用高精度数据导出	缩放完成后，直接导出 stl 数据		□
8	扩展操作三：像素化创新操作	简化数据，取消“曲率优先”选项，体验数据简化后的视觉之美		□

展示与评价

一、成果展示

以小组为单位派出代表展示本小组的作品和学习成果，听取并记录其他小组对本组作品的评价和改进建议。

二、任务评价

先按表 3-2-3 所列项目进行自评，再由组长对组员进行评价，将结果填入表中。

▼ 表 3-2-3　任务评价表

<table>
<tr><th rowspan="2">序号</th><th rowspan="2">考核项目</th><th rowspan="2">考核标准</th><th rowspan="2">配分 / 分</th><th colspan="2">得分 / 分</th></tr>
<tr><th>自评</th><th>组长评</th></tr>
<tr><td>1</td><td>数据导入</td><td>能完成三个分阶段数据的导入</td><td>5</td><td></td><td></td></tr>
<tr><td rowspan="2">2</td><td rowspan="2">数据对齐</td><td>能完成数据 2 和数据 1 的手动注册对齐</td><td>20</td><td></td><td></td></tr>
<tr><td>能完成数据 3 和数据 1 的手动注册对齐</td><td>20</td><td></td><td></td></tr>
<tr><td rowspan="2">3</td><td rowspan="2">数据合并</td><td>能完成三个数据边界重合部分的修剪</td><td>15</td><td></td><td></td></tr>
<tr><td>能将三个分阶段数据合并为一个整体数据</td><td>5</td><td></td><td></td></tr>
<tr><td rowspan="2">4</td><td rowspan="2">数据修复</td><td>能完成孔洞填补和重叠修复</td><td>5</td><td></td><td></td></tr>
<tr><td>能完成陶俑底座的平面裁剪、补孔操作</td><td>5</td><td></td><td></td></tr>
<tr><td>5</td><td>纹理生成与导出</td><td>能完成纹理生成操作，正确导出 jpeg 格式纹理贴图文件</td><td>10</td><td></td><td></td></tr>
<tr><td rowspan="2">6</td><td rowspan="2">数据简化操作</td><td>能完成数字化展示用数据的简化、导出</td><td>5</td><td></td><td></td></tr>
<tr><td>能完成像素化创新数据的简化、导出</td><td>5</td><td></td><td></td></tr>
<tr><td>7</td><td>数据缩放操作</td><td>能完成 3D 打印用数据的缩放、导出</td><td>5</td><td></td><td></td></tr>
<tr><td colspan="5">合计</td><td></td></tr>
</table>

复习巩固

一、填空题

1. 为了减少____________和____________，需要对三个分阶段数据的重叠部分进行人为删除，删除前要做的是修剪每个数据的边缘，使其尽量整齐、光顺。

2. 分阶段数据合并完成后，产生数据孔洞的原因是在陶俑数字化的过程中没有做到____________。

二、判断题

1. 在手动对齐阶段选择共有的模型特征点时，要注意点的选择需要考虑全局，不能在同

一个侧面。 (　　)

2. 一般情况下，计算机内存的存储速度要远高于硬盘的存储速度，为了让软件更快、更有效地进行数据处理，可适当对内存使用限制进行调整。 (　　)

3. 分阶段数据合并完成后即可删除原始数据。 (　　)

三、简答题

1. 简述大型扫描数据的处理步骤。

2. 大型数据分阶段扫描时需要注意哪些事项?

3. 在进行手动拼接时，选择特征点有什么具体要求?

4. 拼接完成后删除重叠面为什么不能再进行全局注册?

项目四

逆向重构与二次创新设计

任务 1　榨汁机盖逆向重构

明确任务

功能产品投放到市场后需要不断收集客户的使用反馈，并及时对反馈问题进行改进，以推出新一代产品，提升产品市场竞争力。如图 4-1-1 所示为简易榨汁机一代产品，在使用过程中发现：当手沾上果汁或沾水扣盖时，往往会因为手滑而出现掉落问题。为改进和提升产品体验效果，现需对榨汁机盖实体模型进行二次设计。

图 4-1-2 所示为扫描得到的榨汁机盖三维数据，本任务需要使用 Geomagic Design X 软件对扫描数据进行逆向重构，由于产品模型后期需要与原榨汁机其余部件装配，要求重构精度达到 ±0.2 mm，最终在重构的 CAD 模型基础上进行改进设计。

图 4-1-1　简易榨汁机

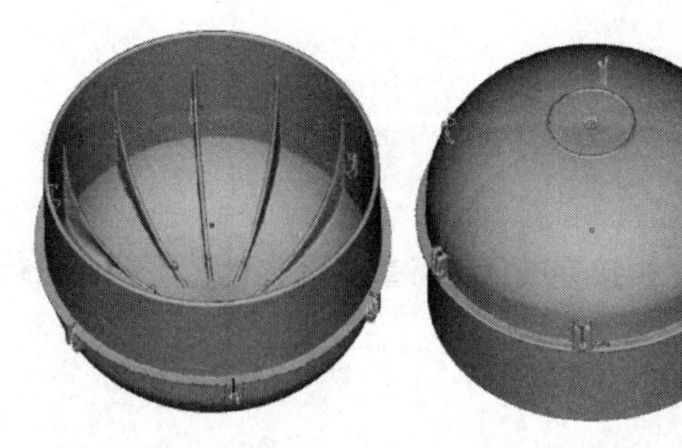

图 4-1-2　原榨汁机盖的三维扫描数据

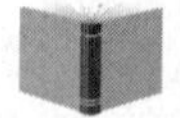

资讯学习

为了更好地完成任务，请查阅教材或相关资料，小组讨论后回答以下问题。

1. Geomagic Design X 软件的主要功能是什么？如何启动 Geomagic Design X 软件？该软件界面由哪些功能区域组成？

2. 说一说正向建模与逆向建模的区别，并根据图 4-1-3 和图 4-1-4 所示建模过程判断其分别属于何种建模。

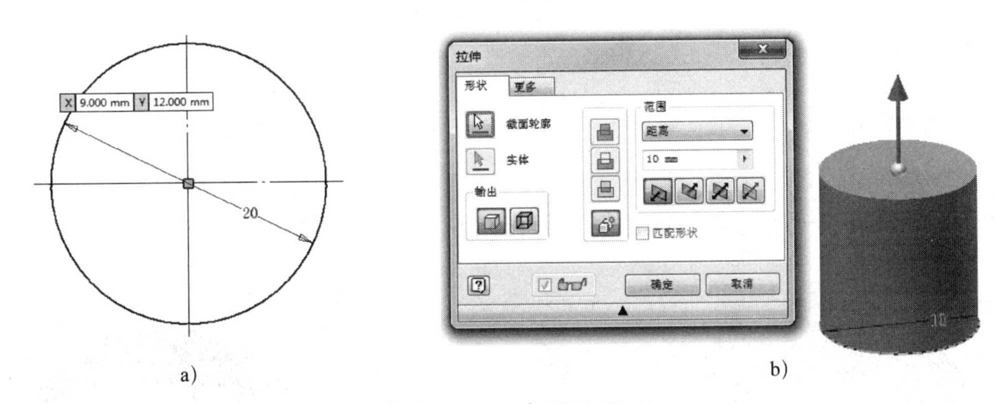

图 4-1-3　建模过程 1

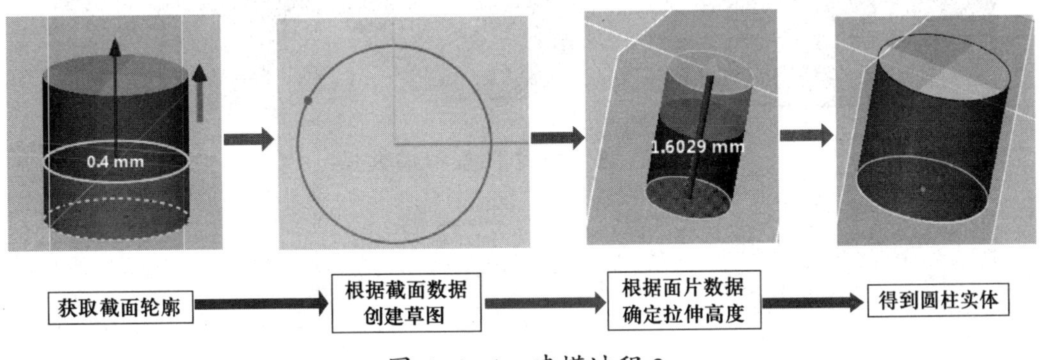

图 4-1-4　建模过程 2

3. 为什么不能直接对扫描数据进行特征编辑?

4. 简述逆向重构的基本流程。

5. 分析图 4-1-5 所示榨汁机盖的扫描数据，说一说其基本特征有哪些。

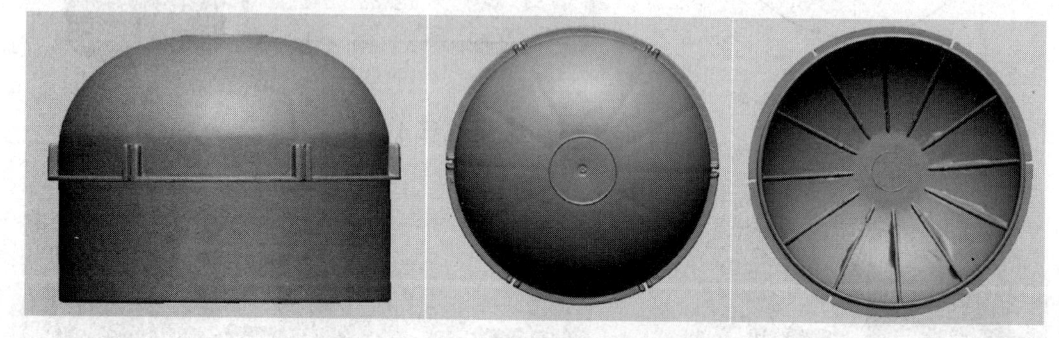
图 4-1-5　榨汁机盖扫描数据

6. 根据基本特征分析结果，写出本任务的主要重构思路。

第一步：______________________________；

第二步：______________________________；

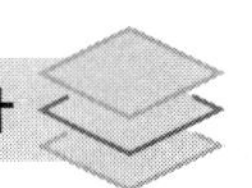

第三步：____；

第四步：____；

第五步：____。

7. 根据实物模型及产品特征不难发现，该榨汁机盖的生产工艺为____________________，在模型顶部中心的圆形凹陷为__________位置，重构时可以不做考虑。

8. 如图 4-1-6 所示，从模型特征中可以观察到，其注塑模具的________应该位于模型中间圆环形凸台处，所以在模型重构完成后，需要以____________为基准，分别为模型的上下两部分增加____________特征，内部的____________也不能忽略，以便在实际生产中能顺利脱模。

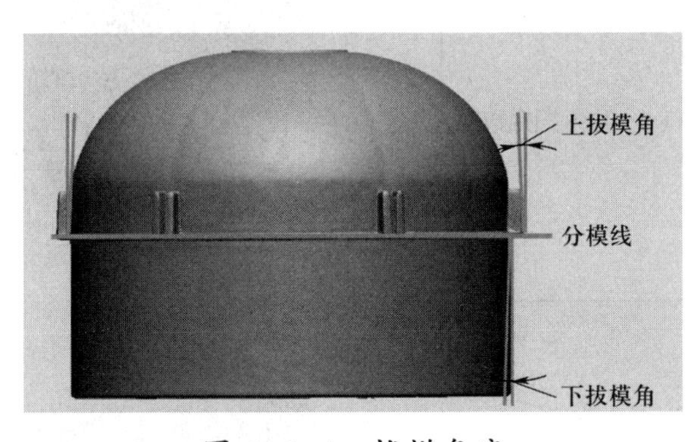

图 4-1-6　拔模角度

任务准备

根据任务要求进行工位自检，并将结果记录在表 4-1-1 中。

▼ 表 4-1-1　工位自检表

姓名		学号	
自检项目			**记录**
检查工位桌椅是否正常			是□　否□
检查工位计算机能否正常开机			能□　否□
检查工位键盘、鼠标是否完好			是□　否□
检查计算机是否安装有 Geomagic Design X 软件			是□　否□
检查计算机中的 Geomagic Design X 软件能否正常打开			能□　否□
检查是否已接收到榨汁机盖扫描数据			是□　否□

任务实施

1. 根据表 4-1-2 的提示完成榨汁机盖的逆向重构，每完成一步在相应的步骤后面打“√”。

▼ 表 4-1-2　榨汁机盖的逆向重构

步骤	内容	操作提示	图示	是否完成
1	调点——对齐坐标系	（1）导入扫描数据		□
		（2）划分几何领域		□
		（3）对齐坐标系	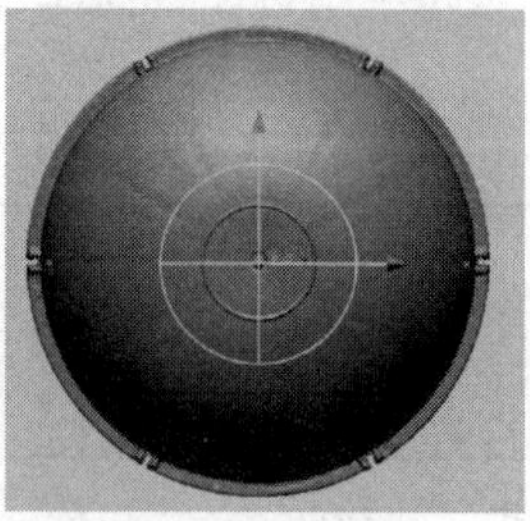	□
2	截线——获取曲线及绘制草图	（1）主体外壳草图的绘制	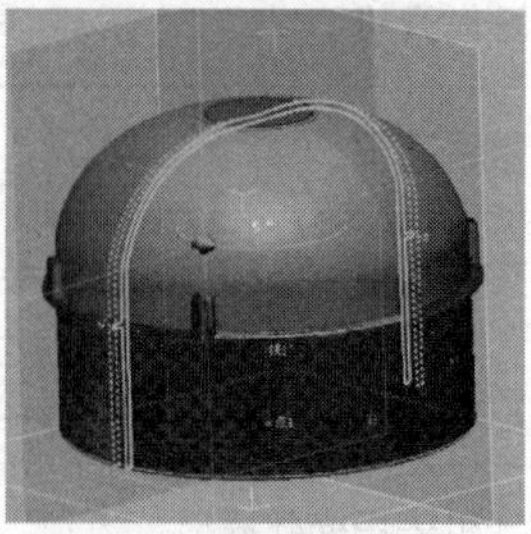	□

续表

步骤	内容	操作提示	图示	是否完成
2	截线——获取曲线及绘制草图	（2）卡扣草图的绘制	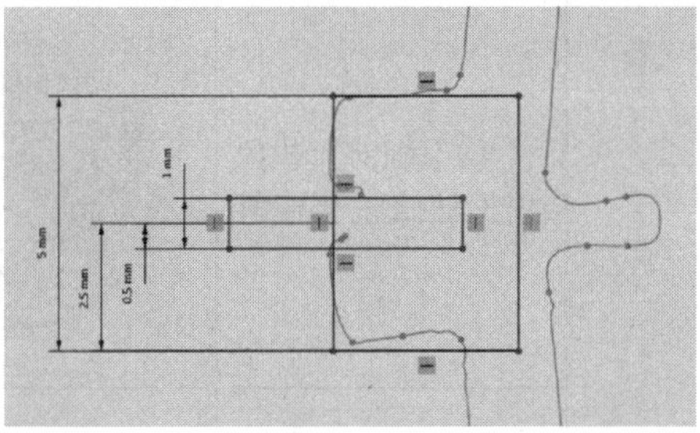 5 mm 1 mm 2.5 mm 0.5 mm	□
		（3）内部肋板草图的绘制	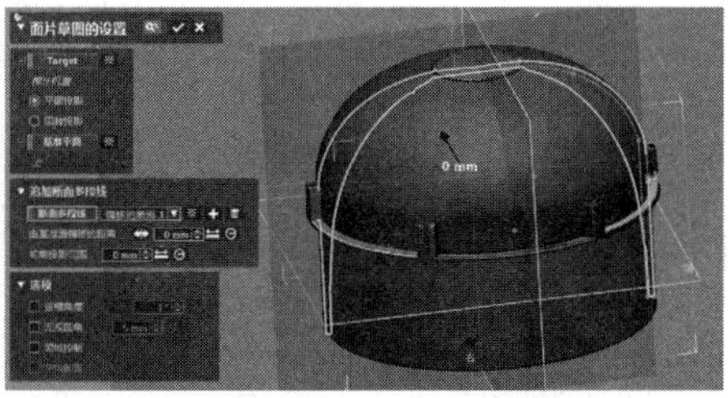 面片草图的设置 Target 0 mm	□
3	成体——由草图创建实体特征	（1）主体外壳回转	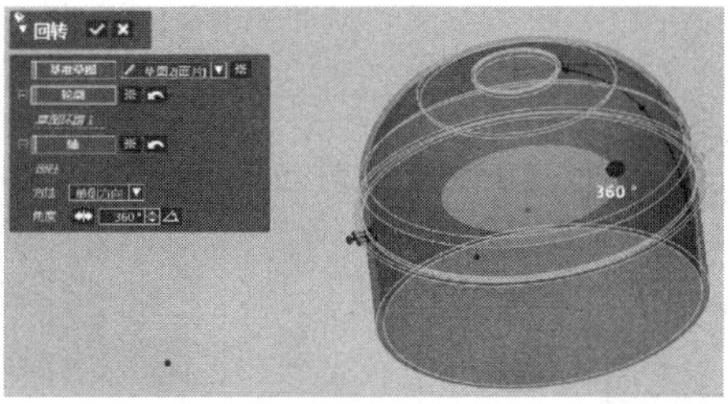 回转 轴 360°	□
		（2）卡扣的重构	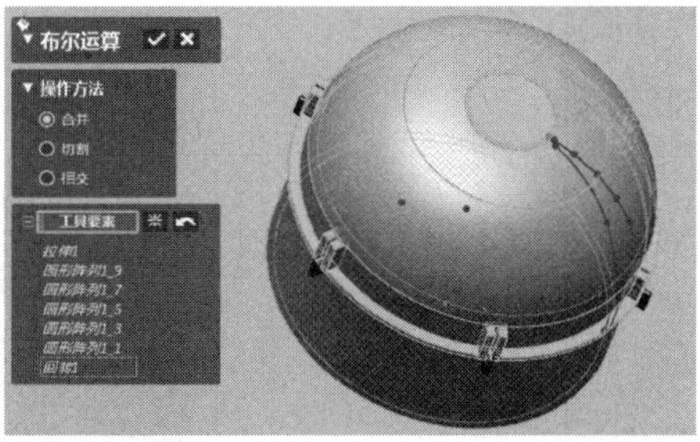 布尔运算 操作方法 合并 切割 相交 工具要素 拉伸1 圆形阵列1_9 圆形阵列1_7 圆形阵列1_5 圆形阵列1_3 圆形阵列1_1 回转1	□
		（3）肋板的重构	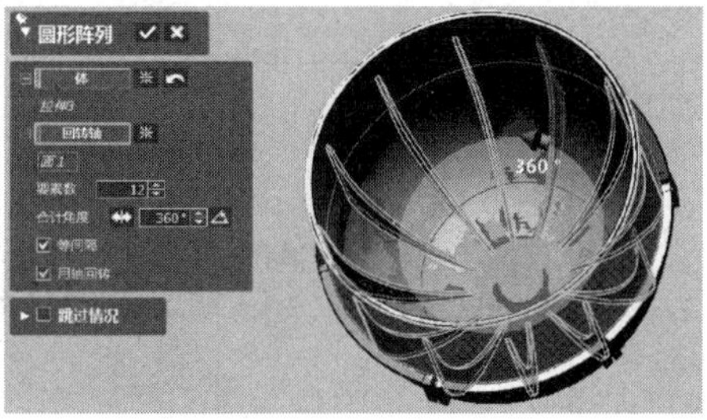 圆形阵列 体 回转轴 面1 要素数 12 合计角度 360° 等间距 用轴回转 跳过情况 360°	□

续表

步骤	内容	操作提示	图示	是否完成
4	后处理——布尔运算及附加特征添加	（1）添加榨汁机盖内部圆柱部分拔模角	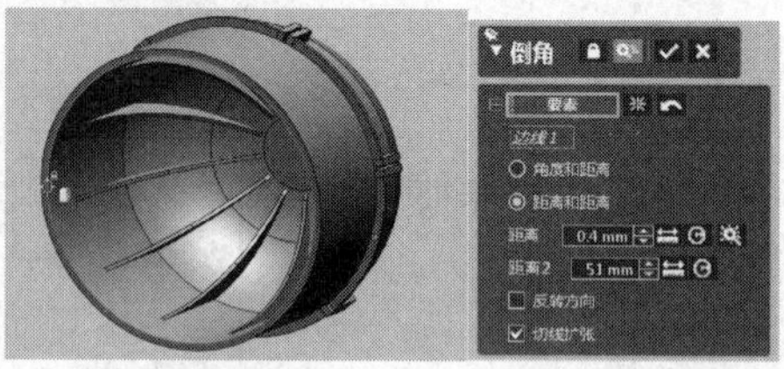 倒角 要素 边线1 角度和距离 距离和距离 距离 0.4 mm 距离2 51 mm 反转方向 切线扩张	□
		（2）添加卡扣倒角	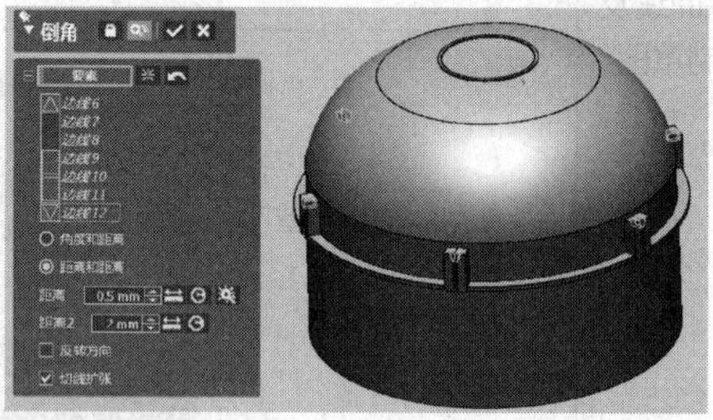 倒角 要素 边线6 边线7 边线8 边线9 边线10 边线11 边线12 角度和距离 距离和距离 距离 0.5 mm 距离2 7 mm 反转方向 切线扩张	□
		（3）榨汁机盖上半部分圆柱拔模	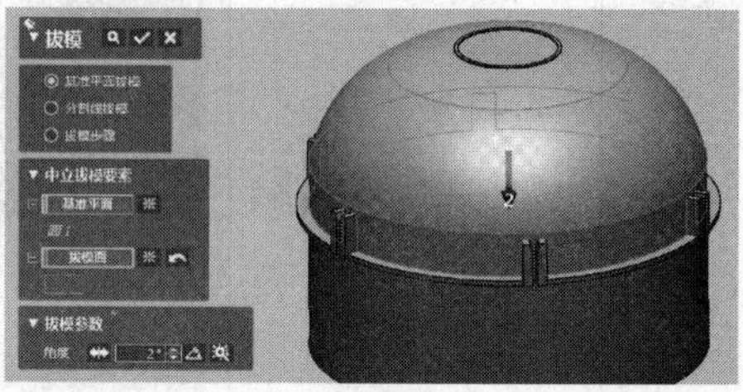 拔模 中立拔模要素 基准平面 拔模面 拔模参数 角度 2°	□
		（4）六组卡扣同时拔模	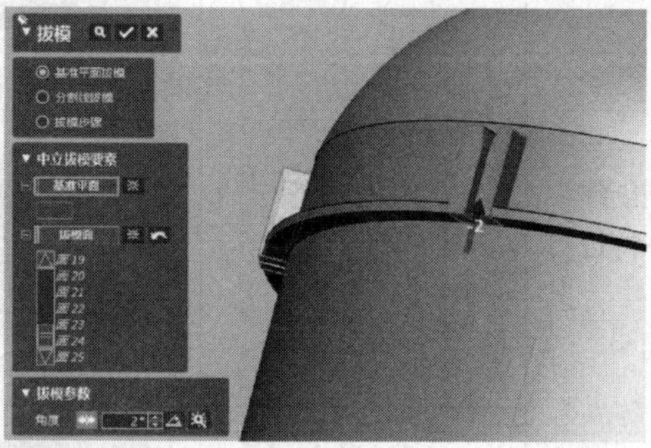 拔模 中立拔模要素 基准平面 拔模面 面19 面20 面21 面22 面23 面24 面25 拔模参数 角度 2°	□
		（5）添加榨汁机盖球面与圆柱面之间的过渡圆角	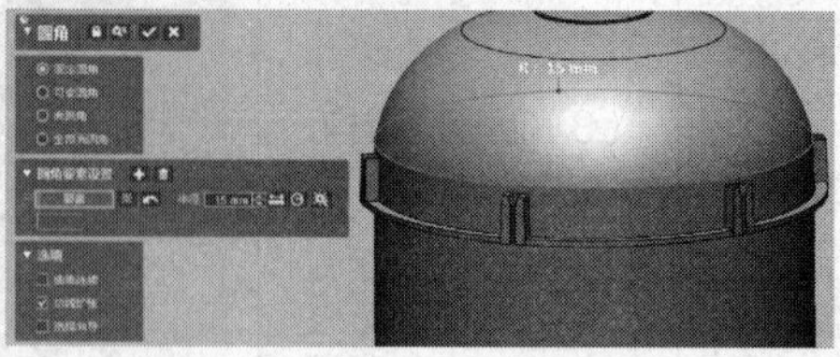 圆角 R: 15 mm	□

续表

步骤	内容	操作提示	图示	是否完成
4	后处理——布尔运算及附加特征添加	（6）卡扣倒圆角	R：0.5 mm	□
		（7）圆环凸台倒圆角	R：0.5 mm	□
		（8）榨汁机盖底部圆环倒圆角及内部肋板倒圆角	R：0.5 mm	□
		（9）完成肋板与盖体的合并运算，并对内部肋板的根部倒 R0.5 mm 圆角	布尔运算 操作方法 合并 切割 相交 工具要素	□
5	简易偏差检查	利用“体偏差”工具检查偏差，设置精度为 ±0.2 mm		□

续表

步骤	内容	操作提示	图示	是否完成
6	文件输出	输出机械加工通用的 stp 文件和 iges 文件		□

2. 创新设计思路拓展：手动榨汁机主要是在不用电的情况下进行手动榨汁，榨汁时出汁量不足是多数榨汁机存在的缺陷。而决定出汁量多少的关键是在手动榨汁时被榨物体能否被充分压榨，由此可知对手动榨汁机割槽上的刃数及高度进行改进，可以更充分地将被榨物体进行压榨，进而增加出汁量。

请参照以上思路来讨论榨汁机盖打滑现象的改进方法。可通过网络调研、头脑风暴等方式确定哪些结构可在盖子顶部起到防滑的作用。

（1）方法 1:____

____

（2）方法 2:____

____

（3）方法 3:____

____

提示：可以应用本专业之前学到的三维结构设计软件，如 Creo、Solidworks、SIEMENS NX 等完成改进设计。

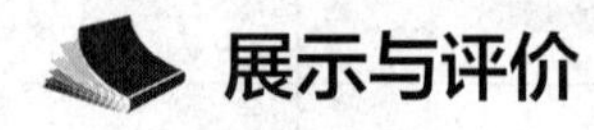

展示与评价

一、成果展示

按照教师安排，每组抽选一个重构模型及改进设计模型进行展示，听取并记录教师和其他同学找出的问题（填写在表 4-1-3 中），先尝试组内自己讨论解决方法，不能解决的可向教师咨询解决方法。

▼ 表 4-1-3　榨汁机盖重构及改进问题自查表

序号	问题描述	解决方法
1		
2		
3		

二、任务评价

先按表 4-1-4 所列项目进行自评，再由组长对组员进行评价，将结果填入表中。

▼ 表 4-1-4　任务评价表

<table>
<tr><th rowspan="2">序号</th><th rowspan="2">考核项目</th><th rowspan="2">考核标准</th><th rowspan="2">配分 / 分</th><th colspan="2">得分 / 分</th></tr>
<tr><th>自评</th><th>组长评</th></tr>
<tr><td rowspan="2">1</td><td rowspan="2">调点——对齐坐标系</td><td>划分领域组合理</td><td>5</td><td></td><td></td></tr>
<tr><td>坐标系对齐正确</td><td>10</td><td></td><td></td></tr>
<tr><td rowspan="3">2</td><td rowspan="3">截线——获取曲线及绘制草图</td><td>主体外壳草图绘制正确</td><td>5</td><td></td><td></td></tr>
<tr><td>卡扣草图绘制正确</td><td>5</td><td></td><td></td></tr>
<tr><td>内部肋板草图绘制正确</td><td>5</td><td></td><td></td></tr>
<tr><td rowspan="3">3</td><td rowspan="3">成体——由草图创建实体特征</td><td>能完成主体外壳的创建</td><td>5</td><td></td><td></td></tr>
<tr><td>能完成卡扣特征的创建</td><td>5</td><td></td><td></td></tr>
<tr><td>能完成肋板的创建</td><td>5</td><td></td><td></td></tr>
<tr><td rowspan="5">4</td><td rowspan="5">后处理——布尔运算及附加特征添加</td><td>榨汁机盖内部圆柱拔模角添加合理</td><td>5</td><td></td><td></td></tr>
<tr><td>榨汁机盖上半部分圆柱拔模合理</td><td>10</td><td></td><td></td></tr>
<tr><td>卡扣倒角及拔模合理</td><td>5</td><td></td><td></td></tr>
<tr><td>过渡圆角、肋板圆角等参数合理</td><td>5</td><td></td><td></td></tr>
<tr><td>布尔运算正确</td><td>5</td><td></td><td></td></tr>
<tr><td>5</td><td>偏差检查</td><td>偏差符合任务要求</td><td>10</td><td></td><td></td></tr>
<tr><td>6</td><td>文件输出</td><td>能输出 stp 文件</td><td>3</td><td></td><td></td></tr>
<tr><td>7</td><td>二次改进</td><td>改进结构合理、效果好</td><td>12</td><td></td><td></td></tr>
<tr><td colspan="4">合计</td><td></td><td></td></tr>
</table>

复习巩固

一、填空题

1. ______命令通过识别原始扫描数据的 3D 特征来自动分类特征领域。

2. “手动对齐”命令可采用______或______对齐方式。

3. “布尔运算”命令使用______、______、______中的一种方式通过合并两个或多个实体来创建一个或多个实体。

二、判断题

1. Geomagic Design X 软件无法处理简单点云和面片数据。 (　　)

2. 在 Geomagic Design X 软件的基本操作中，移动对象的方法为同时按下鼠标左右键拖动鼠标，或同时按下“Ctrl”键和鼠标右键拖动鼠标。 (　　)

3. 在 Geomagic Design X 软件中创建拉伸实体的轮廓线可以是不封闭的。 (　　)

三、简答题

1. 几何领域划分合理的标准是什么?

2. 在该任务中，调点子任务为什么没有采用 *X-Y-Z* 方式对齐?

3. 总结逆向重构的基本流程。

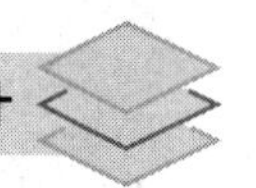

4. 在建模过程中，如何提高所建模型与面片数据间的匹配度？

四、技能题

根据自己的想法，再次对榨汁机盖进行二次创新设计，并总结经验。

任务 2　汽车发动机盖的二次创新设计

明确任务

在项目二任务 4 中，我们对某小型汽车的发动机盖进行了摄影测量和三维数字化扫描，本任务将在该三维扫描数据的基础上对其进行重构，然后进行二次创新设计，为新车型提供可参数化编辑的三维零件，其中重构整体精度要求为 ±0.5 mm。

资讯学习

为了更好地完成任务，请查阅教材或相关资料，小组讨论后回答以下问题。

1. 如图 4-2-1 所示发动机盖是汽车发动机的上盖，有着很重要的作用，试说一说发动机盖所起的作用。

a）实物

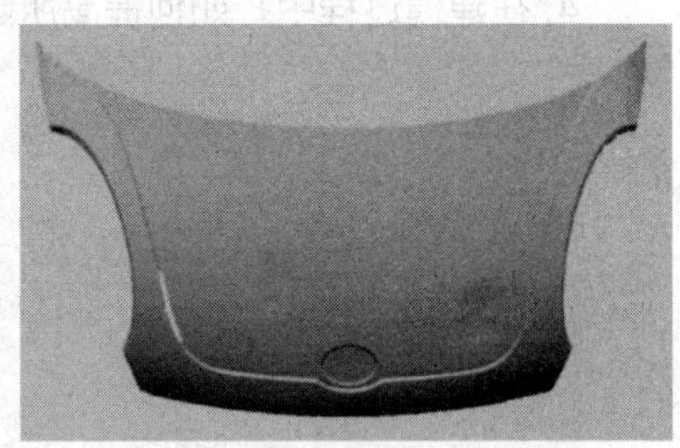

b）模型数据

图 4-2-1　发动机盖实物及模型数据

2. 简述汽车发动机盖的制造过程。

3. 简述汽车发动机盖逆向重构的基本流程。

4. 汽车发动机盖上有一些非设计制造形成的凹坑，对此在逆向重构中应如何处理？

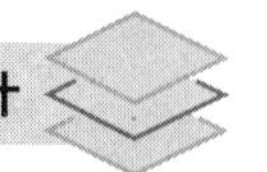

5. 在自动划分领域阶段出现的小领域应如何处理？

6. 结合图 4-2-2 想一想：为何要追加平面？追加平面的方法有哪些？

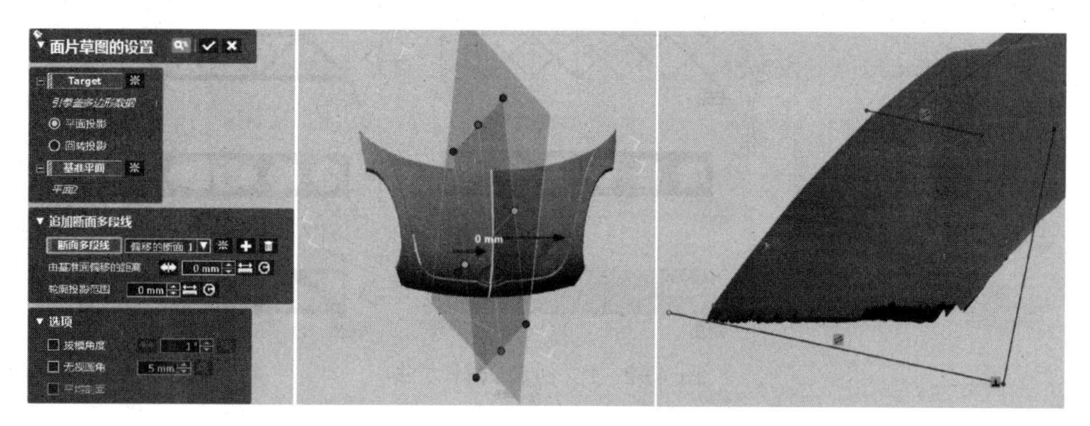

图 4-2-2　追加平面

7. 逆向重构的目的在于对实物的点云数据进行三维 CAD 模型重构（曲面模型重构），但是除了重构模型以外还应在原有模型的基础上进行改良，通过对产生问题的模型进行直接的修改、试验和分析最终得到改良后的实体模型，这个改良过程就是逆向建模二次创新设计。随着全球汽车行业的竞争日趋激烈，逆向二次创新技术得到广泛应用，通过逆向二次创新设计优化汽车零部件，使零部件的造型、重量、结构等的创新效率得到了很大的提升。试通过检索、调研等途径归纳总结二次创新设计的目的是什么，二次创新设计的方法有哪些。

8. 如图 4-2-3 所示，二次创新设计可以考虑从尺寸、形状、结构等方面入手，试分析并简述以上三种创新设计方法各有何特点。

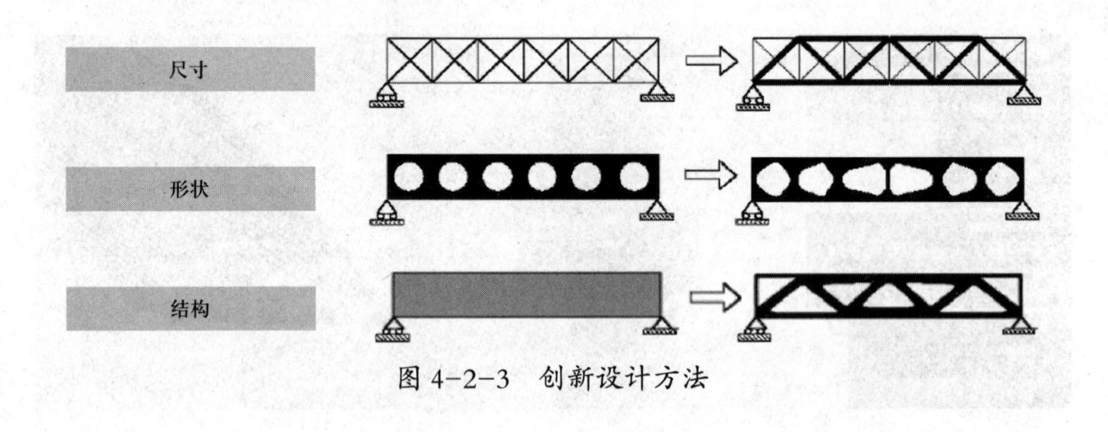

图 4-2-3　创新设计方法

9. 结合上面所述的三种创新设计方法，想一想：在不改变发动机盖外轮廓曲线和发动机盖装配性能的情况下，如何进行二次创新设计来提升发动机盖冲压模具的质量和生产效率？

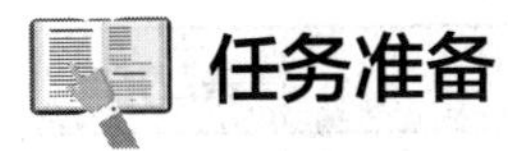

任务准备

根据任务要求进行工位自检，并将结果记录在表 4-2-1 中。

▼ 表 4-2-1　工位自检表

姓名		学号	
自检项目			记录
检查工位桌椅是否正常			是□　否□
检查工位计算机能否正常开机			能□　否□
检查工位键盘、鼠标是否完好			是□　否□
检查计算机是否安装有 Geomagic Design X 软件			是□　否□
检查计算机中的 Geomagic Design X 软件能否正常打开			能□　否□
检查是否已接收到汽车发动机盖扫描数据			是□　否□

任务实施

1. 汽车发动机盖的逆向重构

根据表 4-2-2 的提示完成汽车发动机盖的逆向重构，每完成一步在相应的步骤后面打“√”。

▼ 表 4-2-2　汽车发动机盖的逆向重构

步骤	内容	操作提示	图示	是否完成
1	调点——对齐坐标系	（1）导入扫描数据		□

续表

步骤	内容	操作提示	图示	是否完成
1	调点——对齐坐标系	（2）追加基准平面	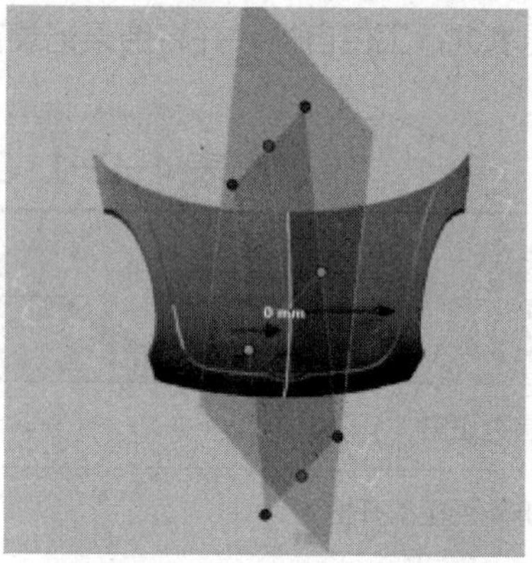	□
		（3）手动对齐坐标系	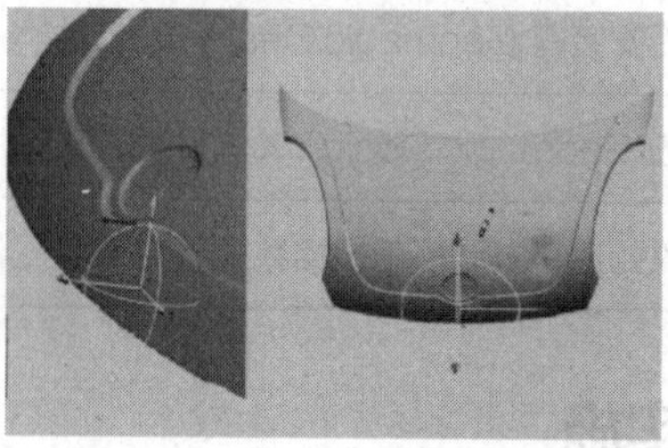	□
2	划片——领域分割	（1）领域分割	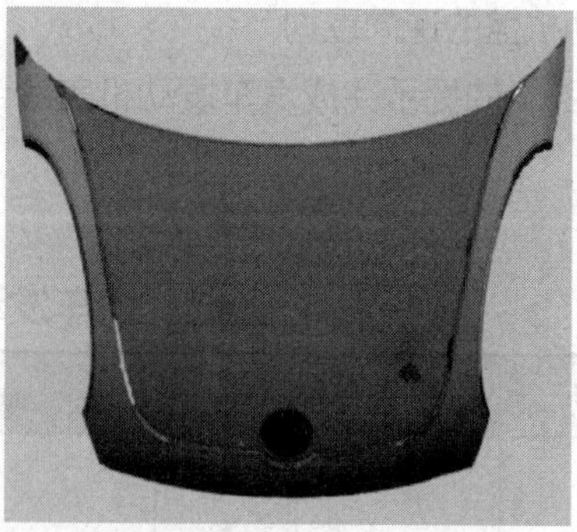	□
		（2）曲面领域处理	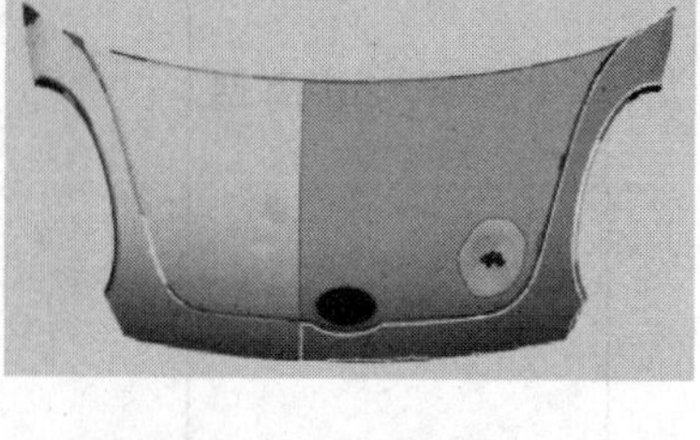	□

续表

步骤	内容	操作提示	图示	是否完成
3	铺面——曲面拟合	（1）领域曲面拟合	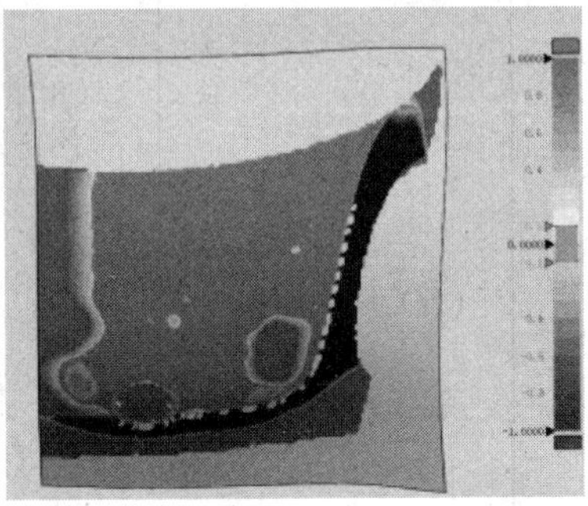	□
		（2）外缘曲面拟合	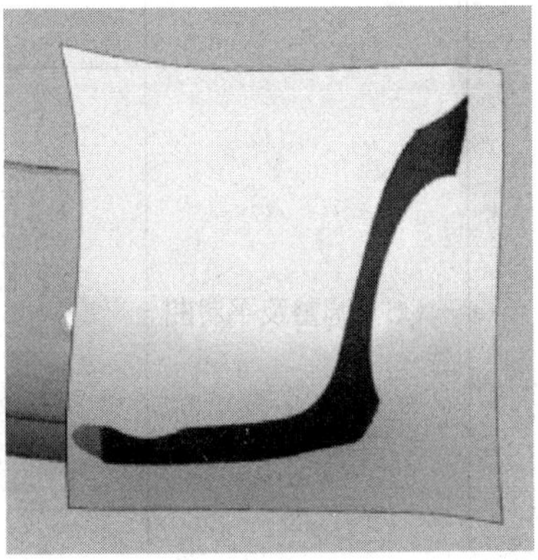	□
		（3）将拟合曲面转换为实体	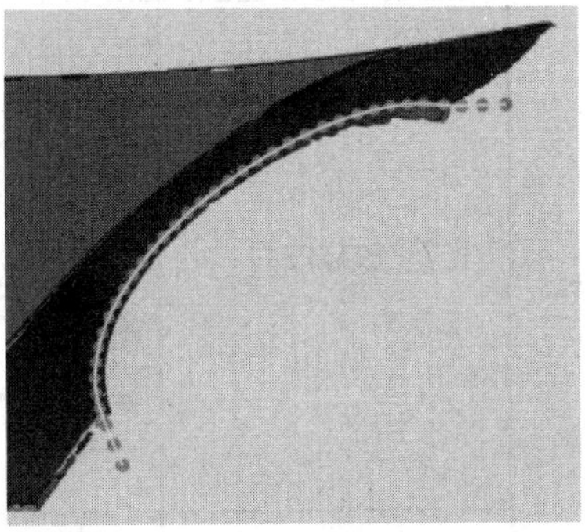	□
		（4）转换成 3D 面片草图		□

续表

步骤	内容	操作提示	图示	是否完成
3	铺面——曲面拟合	（5）偏移曲线		□
		（6）调整及平滑曲线		□
		（7）放样曲面		□
		（8）延长放样曲面，修剪外缘曲面		□

续表

步骤	内容	操作提示	图示	是否完成
3	铺面——曲面拟合	（9）修剪及镜像主曲面	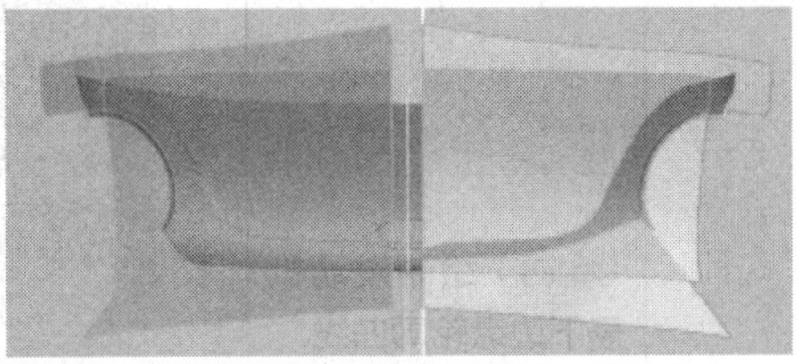	□
		（10）相切两曲面的缝合	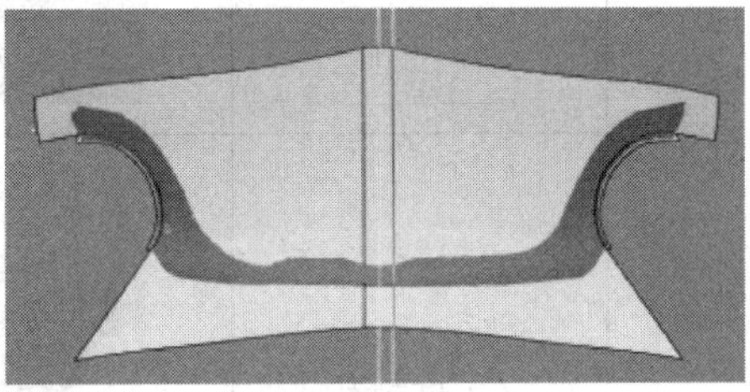	
		（11）绘制主曲面边缘轮廓曲线	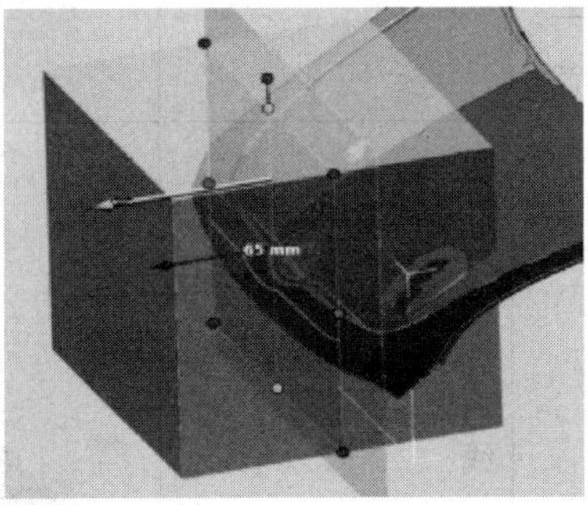	□
		（12）拉伸主曲面边缘轮廓曲线	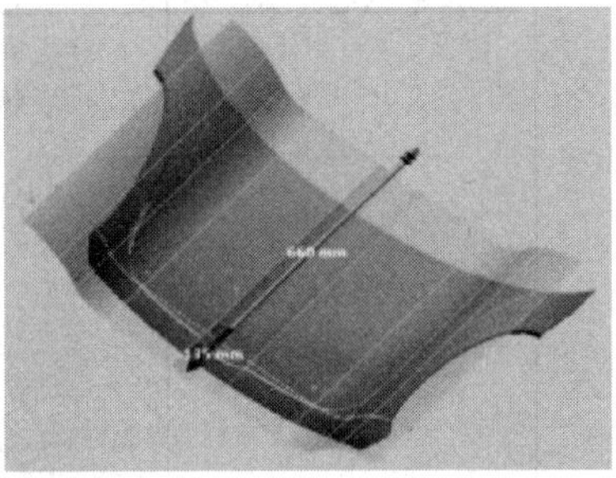	□

续表

步骤	内容	操作提示	图示	是否完成
3	铺面——曲面拟合	（13）绘制发动机盖下边缘轮廓曲线	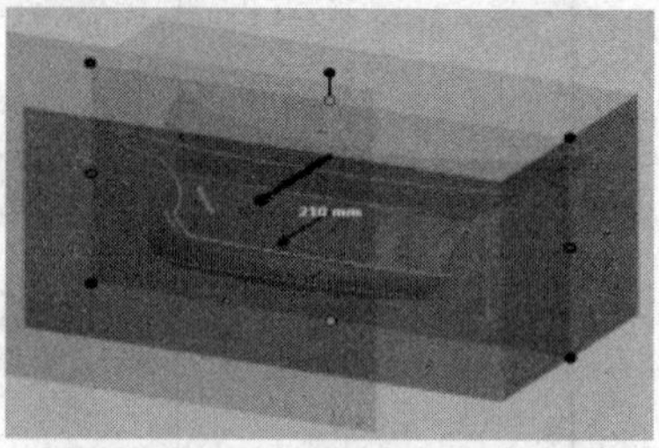 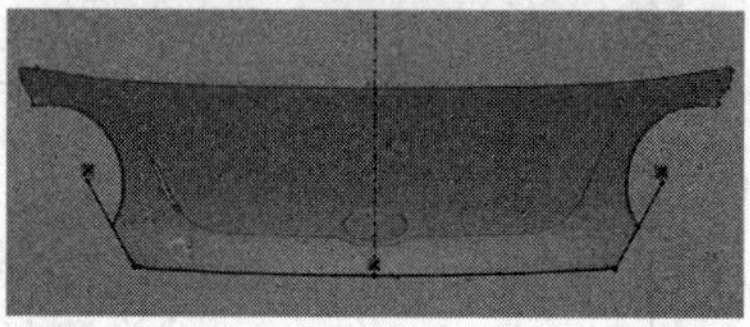	□
		（14）绘制发动机盖上边缘轮廓曲线	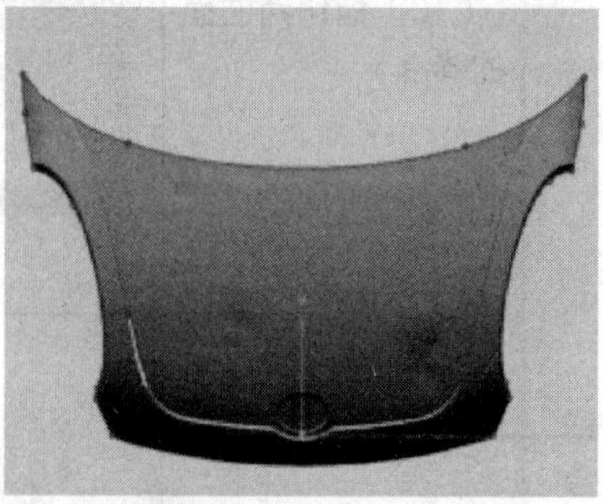	□
		（15）拉伸发动机盖上、下边缘轮廓曲线	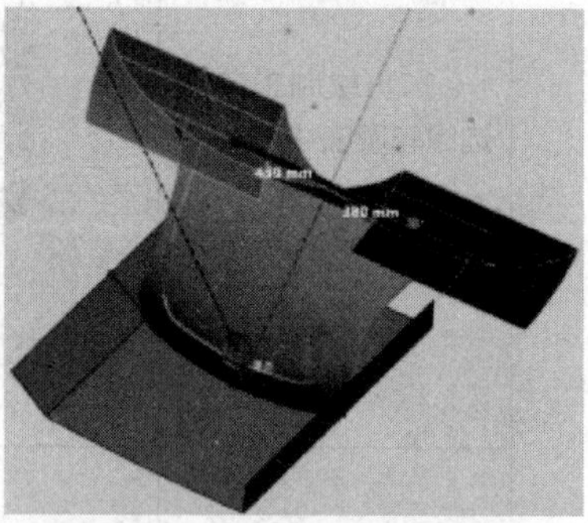	□
		（16）修剪外轮廓	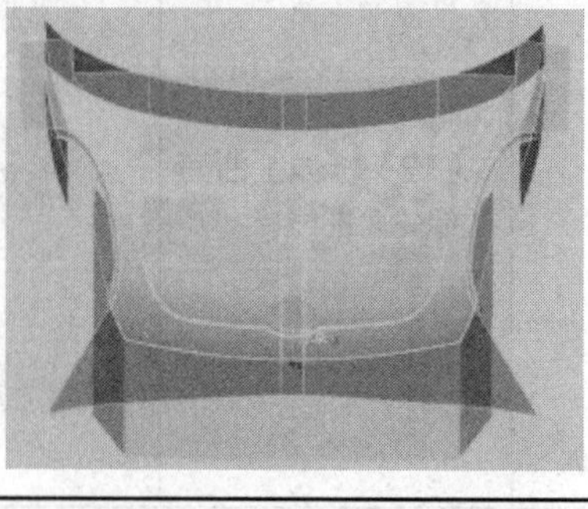	□

续表

步骤	内容	操作提示	图示	是否完成
3	铺面——曲面拟合	（17）拉伸车标安装位		□
		（18）倒圆角等后续处理		□
		（19）偏差检测及处理		□
4	成体——创建实体	加厚成体		□

2. 汽车发动机盖的二次创新设计

根据表 4-2-3 的提示完成汽车发动机盖的二次创新设计，每完成一步在相应的步骤后面打“√”。

▼ 表 4-2-3　汽车发动机盖的二次创新设计

步骤	操作提示	图示	是否完成
1	打开草图面片	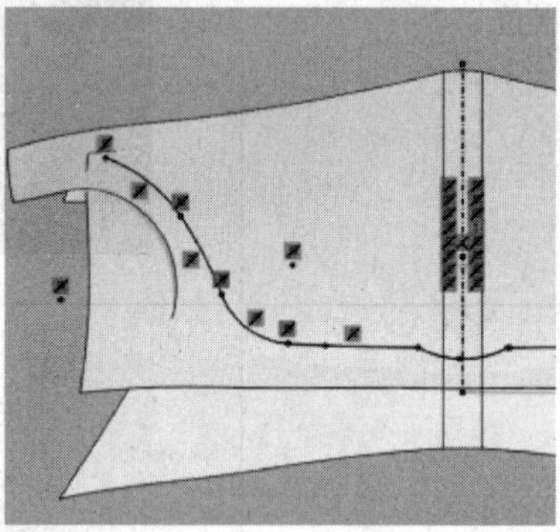	□
2	绘制并修改草图曲线	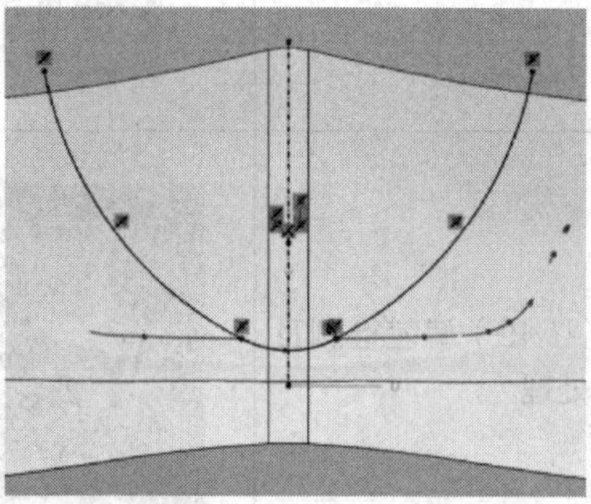	□
3	完成草图修改	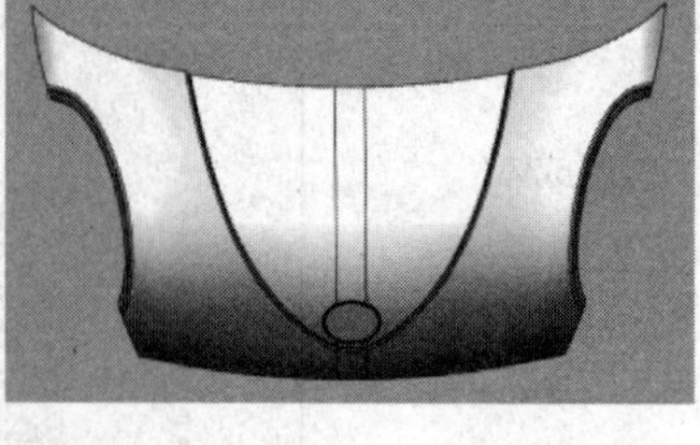	□

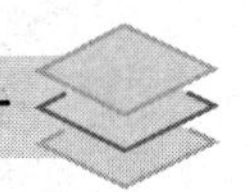

展示与评价

一、成果展示

1. 按照教师的要求，对比图 4-2-4 所示创新设计前、后的模型，观察二次创新设计后的模型与原模型有何区别，并记录在表 4-2-4 中。

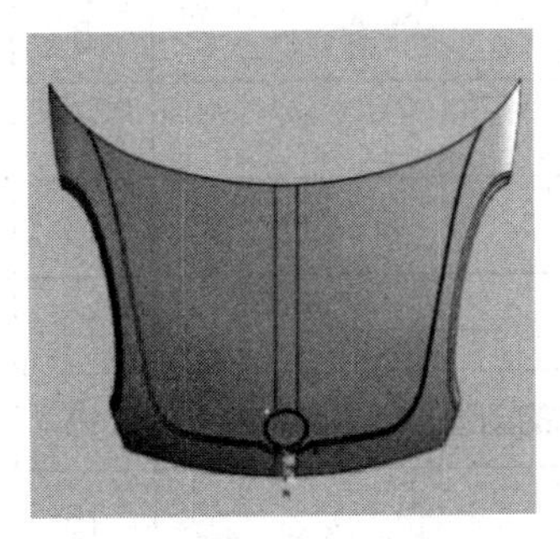
a）创新设计前模型

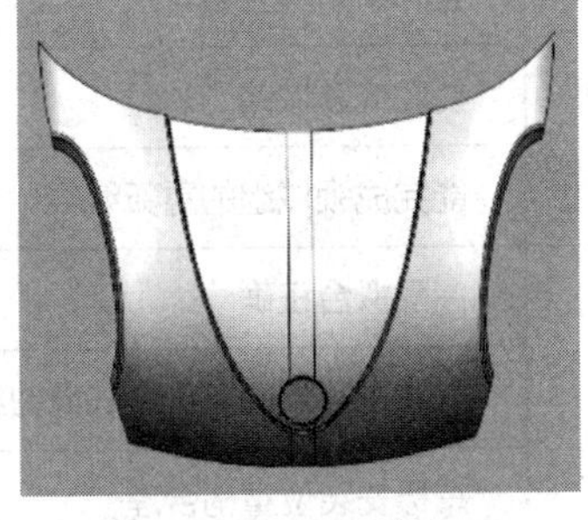
b）创新设计后模型

图 4-2-4　创新设计前、后的模型

▼ 表 4-2-4　模型对比表

序号	创新设计前模型	创新设计后模型
1		
2		
3		

2. 根据表 4-2-4，进一步分析汽车发动机盖二次创新设计后带来的优点，并以小组为单位派出代表进行展示。

二、任务评价

先按表 4-2-5 所列项目进行自评，再由组长对组员进行评价，将结果填入表中。

▼ 表 4-2-5 任务评测表

序号	考核项目	考核标准	配分 / 分	得分 / 分	
				自评	组长评
1	领域编辑	坐标系对齐正确	5		
		能完成领域组的划分	5		
		能完成领域组的重新编辑	10		
2	曲面重构	曲面拟合正确	10		
		能完成右侧冲压折弯外缘曲线的创建、编辑和拉伸	15		
		车标安装位重构合理	15		
		能完成曲面的剪切	15		
3	偏差分析及赋厚成体	能完成简单的色差分析，拟合偏差为 ±0.1 mm	5		
		能修改领域范围，重新拟合曲面	5		
		能赋厚成体	5		
4	二次创新设计	二次创新设计合理	10		
合计					

复习巩固

一、填空题

1. 本任务主要使用了领域划分、__________、通过曲线拉伸__________、外围轮廓线提取及__________等功能。

2. 逆向重构阶段的主要流程为调点、__________、__________和__________。

二、选择题

1. 对主曲面轮廓曲线拉伸后，还需要通过（　　）工具将发动机盖加厚成体。

A. 赋厚曲面　　B. 拉伸　　C. 抽壳　　D. 补片

2. 下列命令中，用于曲面直接创建的是（　　）。

A. 修剪片体　　B. 补片　　C. 延伸片体　　D. 拟合曲面

三、判断题

1. 重构完成后，通过偏差分析进行简单的偏差显示，假如出现超差的地方，可以在特征树中对拟合的领域进行重新编辑，并重新拟合面片，后续的特征会自动更新。（　　）

2. 产品创新设计应该兼顾技术性能、经济指标、整体造型、操作使用、可维修性。（　　）

四、简答题

1. 在自动划分完发动机盖的领域后，为什么还要对部分区域进行领域编辑？

2. 领域的划分结果对发动机盖主曲面的拟合有什么影响？

3. 在本任务中，曲面为什么只拟合一半？

4. 剪切曲面过程中需要注意哪些事项？

5. 赋厚曲面之前是否倒圆角会有什么不一样的结果？

6. 结合教材介绍的二次创新设计方法，想一想还可以从哪些方面进行二次创新设计。

五、技能题

根据自己的想法，再次对发动机盖进行二次创新设计，并总结经验。

任务 3　铸造端盖的逆向重构

明确任务

本任务要求使用铸造端盖扫描数据（见图 4-3-1b）进行逆向重构，要求重构精度为 ±0.5 mm（相对于原始扫描数据），配合面、螺纹等加工处按照原配合要求。在铸件制造完成后，配合面采用数控加工的方法完成。

a）实物

b）扫描数据

图 4-3-1　铸造端盖实物及扫描数据

资讯学习

为了更好地完成任务，请查阅教材或相关资料，小组讨论后回答以下问题。

1. 根据图 4-3-2，说一说铸造端盖的毛坯成形方式及加工流程，并记录在表 4-3-1 中。

图 4-3-2　机械产品毛坯成形方式

▼ 表 4-3-1　常见机械产品毛坯成形方式

成形方式	原理	加工流程

2. 为了铸造时便于将模具从砂型中取出，零件的内、外壁沿起模方向应有一定的斜度，

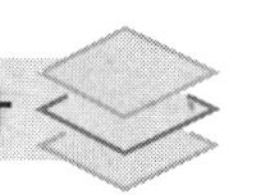

称为拔模斜度，如图 4-3-3 所示。以小组为单位讨论，不同材质模具的拔模斜度应如何选择？本任务中应选择多大的拔模斜度？

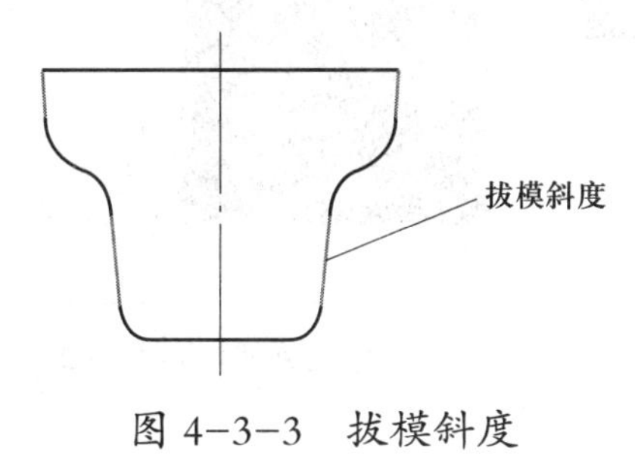

图 4-3-3　拔模斜度

3. 如图 4-3-4 所示，铸造时常将铸件各表面相交处做成圆角，其目的是什么？

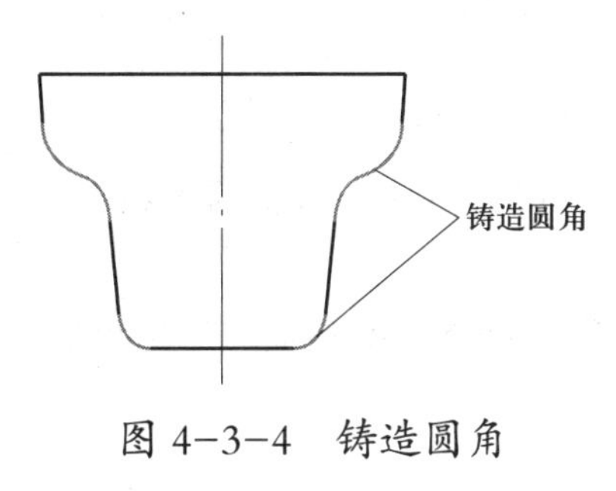

图 4-3-4　铸造圆角

4. 铸造毛坯成形后还需对配合面及孔进行进一步加工，如图 4-3-5 所示，试在教师的指导下写出图示工序的名称。

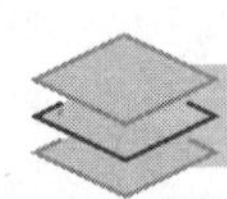

______　______　______

图 4-3-5　毛坯成形后的加工

5. 壳体上的连接孔有连接定位功能，在加工过程中一般采用多工位来加工。如图 4-3-6 所示，在三轴钻床上利用回转夹具，选择标准参数刀具在一次安装中完成孔的______、______、______加工。在逆向重构时可暂不考虑对连接圆孔进行重构，设计人员可在后续进一步设计中按原工件及配合孔大小进行标准尺寸设计。

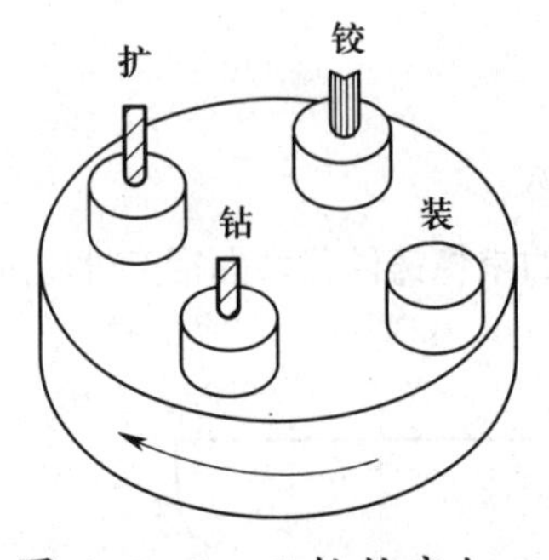

图 4-3-6　三轴钻床加工

6. 结合图 4-3-7，说一说逆向重构铸造端盖的主要步骤。

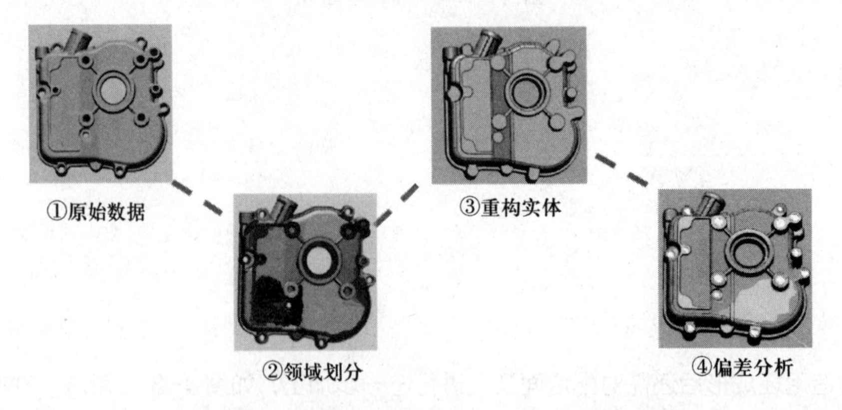

图 4-3-7　铸造端盖逆向重构的主要步骤

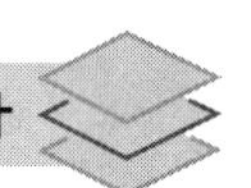

任务准备

根据任务要求进行工位自检，并将结果记录在表 4-3-2 中。

▼ 表 4-3-2　工位自检表

姓名		学号	
自检项目			记录
检查工位桌椅是否正常			是□　否□
检查工位计算机能否正常开机			能□　否□
检查工位键盘、鼠标是否完好			是□　否□
检查计算机是否安装有 Geomagic Design X 软件			是□　否□
检查计算机中的 Geomagic Design X 软件能否正常打开			能□　否□
检查是否已接收到铸造端盖扫描数据			是□　否□

任务实施

根据表 4-3-3 的提示完成铸造端盖的逆向重构，每完成一步在相应的步骤后面打“√”。

▼ 表 4-3-3　铸造端盖的逆向重构

步骤	内容	操作提示	图示	是否完成
1	调点——对齐坐标系	（1）导入扫描数据		□

续表

步骤	内容	操作提示	图示	是否完成
		（2）消减数据	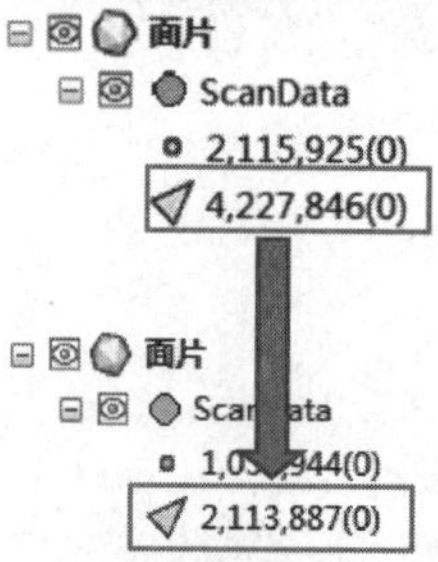 面片 ScanData 2,115,925(0) 4,227,846(0) 面片 ScanData 1,0…944(0) 2,113,887(0)	□
		（3）领域分割		□
1	调点——对齐坐标系	（4）创建基准平面	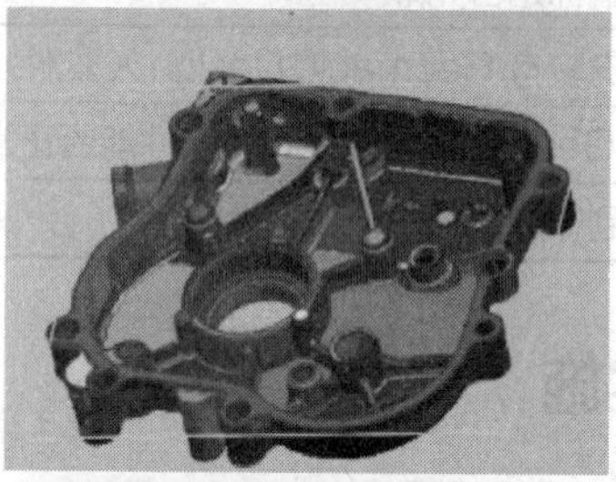	□
		（5）绘制对齐用草图	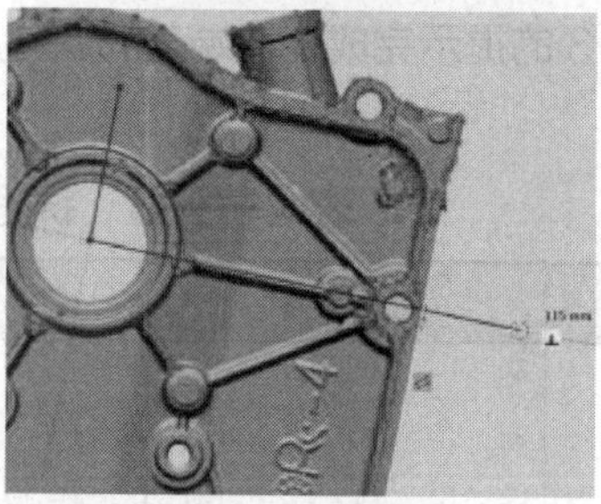	□
		（6）对齐到世界坐标系	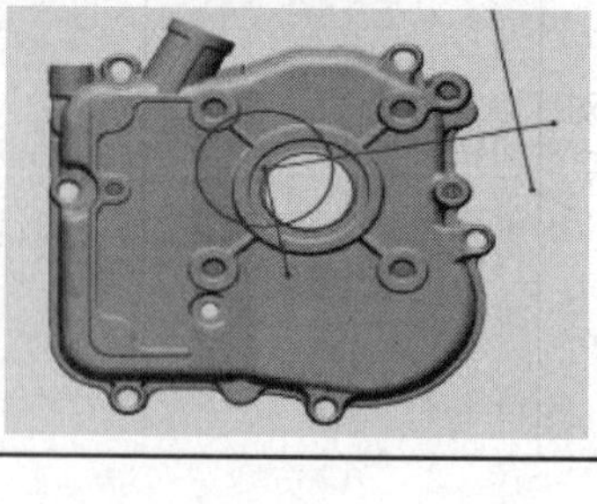	□

续表

步骤	内容	操作提示	图示	是否完成
2	重构基础壳体和主体特征	（1）绘制轮廓草图	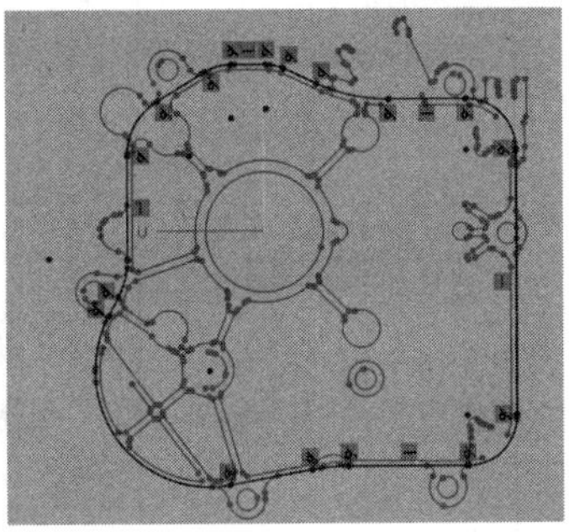	□
		（2）拉伸基础实体	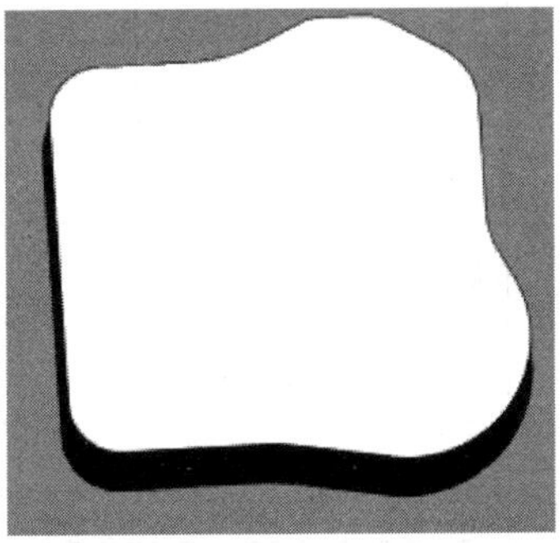	□
		（3）绘制侧面草图并修剪实体	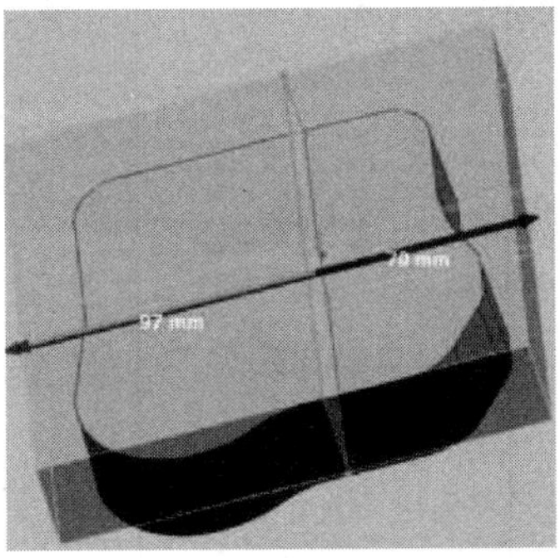	□
		（4）重构沉孔凹台	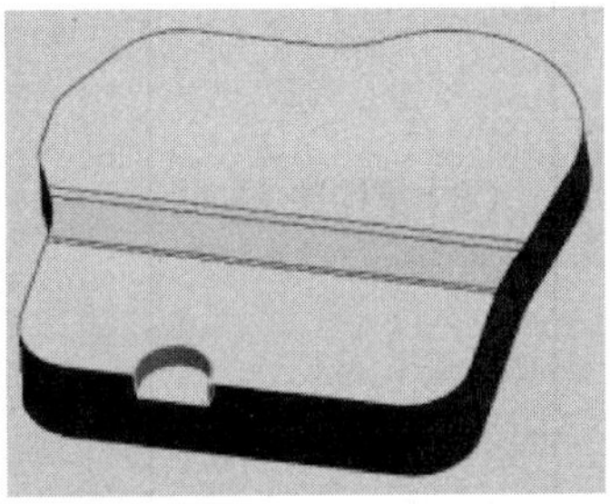	□

续表

步骤	内容	操作提示	图示	是否完成
2	重构基础壳体和主体特征	（5）重构壳体	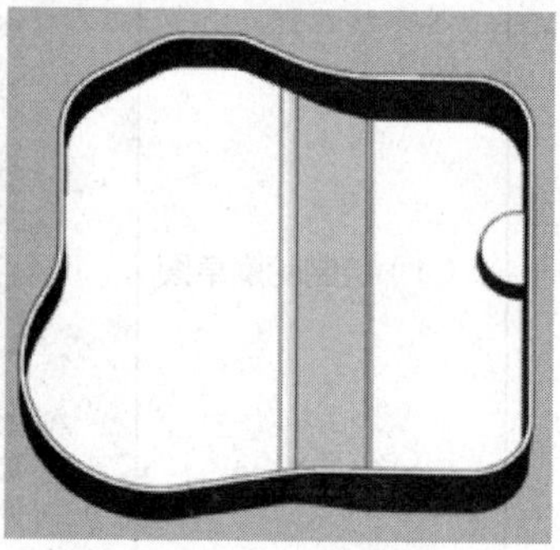	□
		（6）主体内、外倒圆角	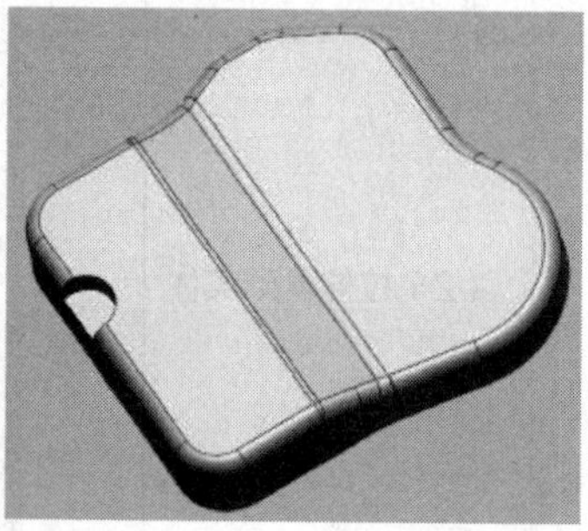	□
		（7）重构轴承座	 轴承座轴线可直接用上、右两个平面的交线	□
		（8）重构端盖加油孔	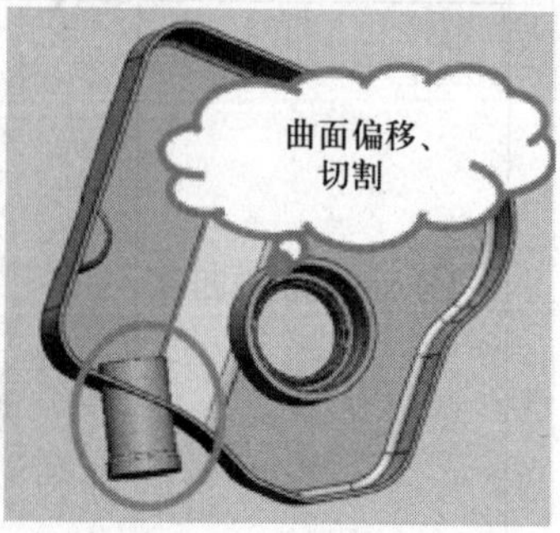 曲面偏移、切割	□

续表

步骤	内容	操作提示		图示	是否完成
2	重构基础壳体和主体特征	（9）重构端盖配合边缘		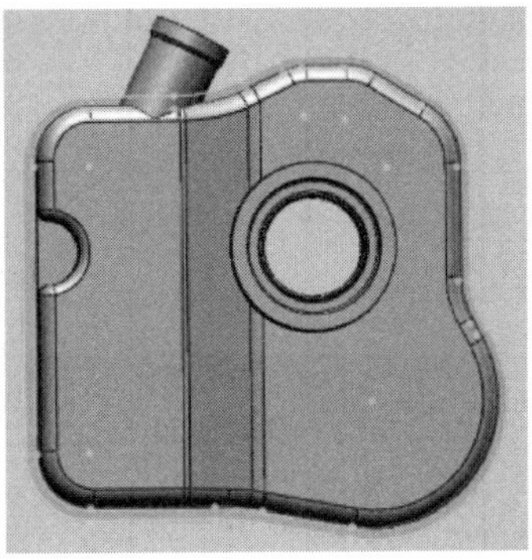	□
3	重构端盖外侧特征	（1）重构锥台	锥台 1	注意：锥台 1 ~ 锥台 10 特征类型相同，重构方法也相同 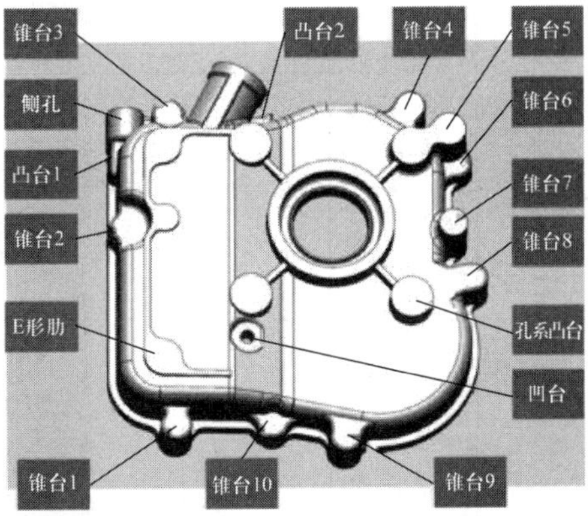 	□
			锥台 2		□
			锥台 3		□
			锥台 4		□
			锥台 5		□
			锥台 6		□
			锥台 7		□
			锥台 8		□
			锥台 9		□
			锥台 10		□

续表

步骤	内容	操作提示		图示	是否完成
3	重构端盖外侧特征	（2）重构E形肋	1）创建截面草图	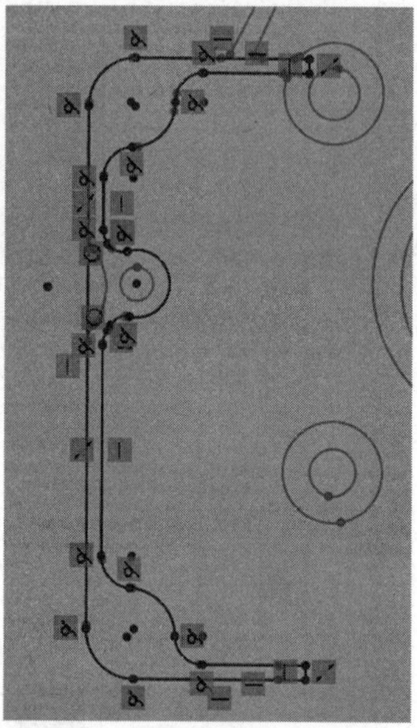	□
			2）拉伸		□
			3）修剪多余部分（拉伸—切割）并倒圆角	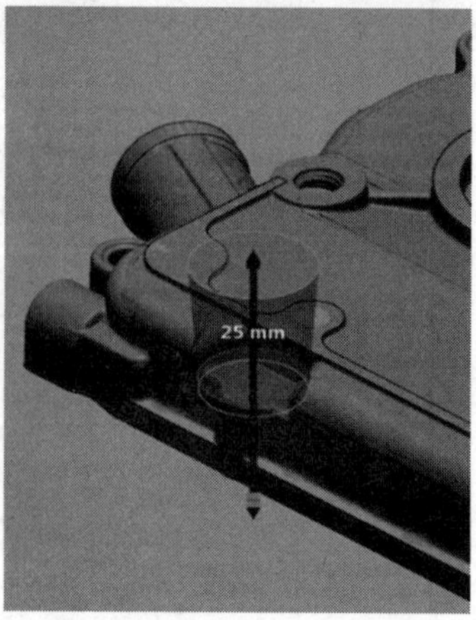	□

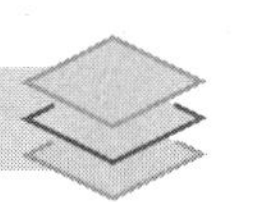

续表

步骤	内容	操作提示		图示	是否完成
3	重构端盖外侧特征	（3）重构孔系凸台	1）创建界面草图		□
			2）拉伸—合并，重构孔系	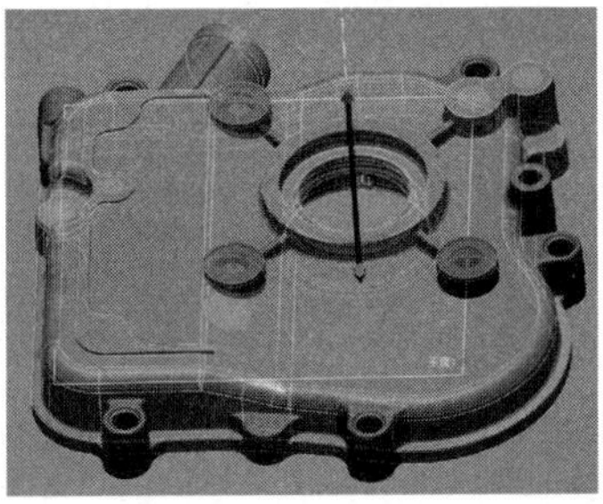	□
			3）重构肋板连接部分	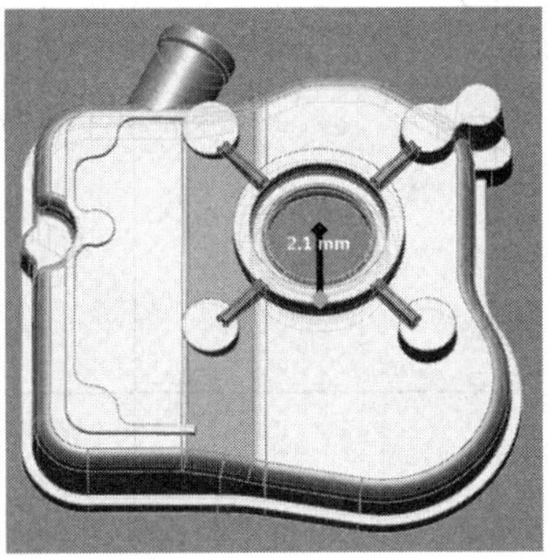	□
		（4）重构侧孔和凸台			□

续表

步骤	内容	操作提示	图示	是否完成
4	重构端盖内侧特征及附加特征等	（1）拉伸重构内部加强肋	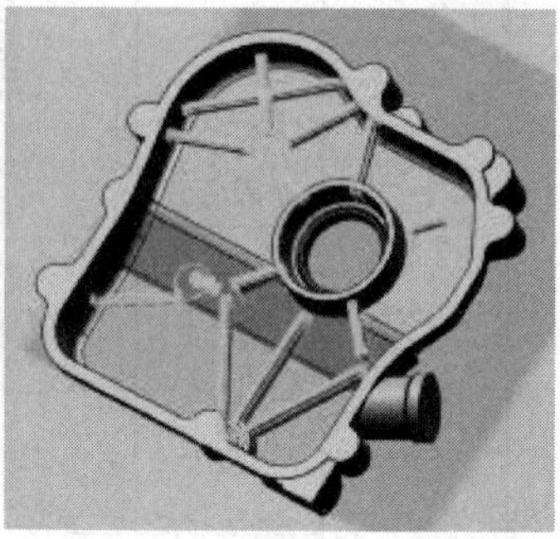	□
		（2）重构内侧圆锥台	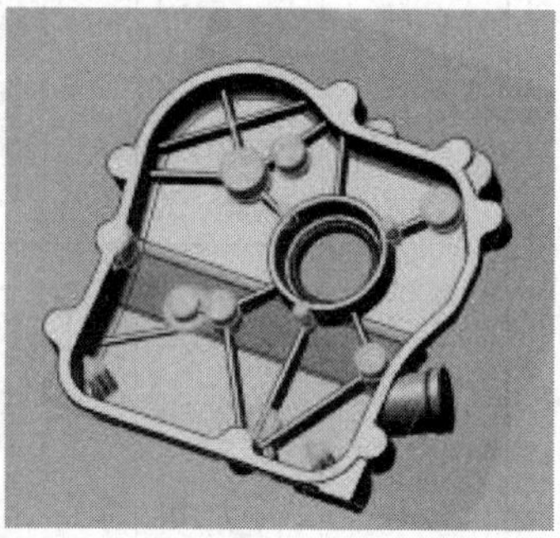	□
		（3）全面倒角和倒圆角	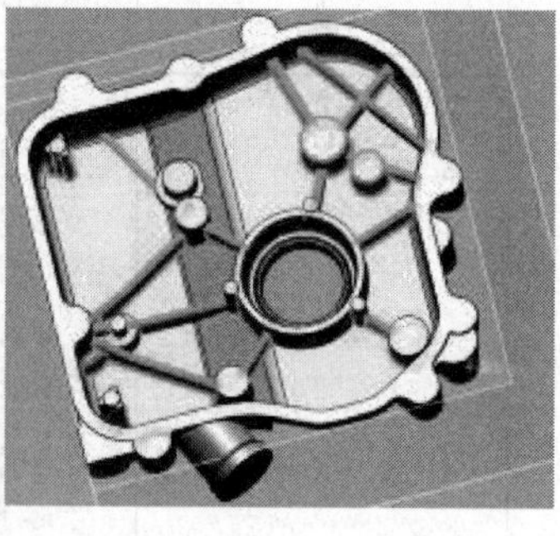	□

续表

步骤	内容	操作提示	图示	是否完成
4	重构端盖内侧特征及附加特征等	（4）拉伸切除表面沉孔等细节		□
5	偏差检验及超差处理	设置小于重构精度要求 ±0.5 mm 的偏差值，检验偏差。若超差，重新编辑特征后进行复检		□
6	导出 stp 格式文件			□

展示与评价

一、成果展示

按照教师安排，抽选部分重构模型进行展示，听取并记录教师和其他同学找出的共性问题，部分共性问题如图 4-3-8 所示，自查并完成表 4-3-4 的填写。

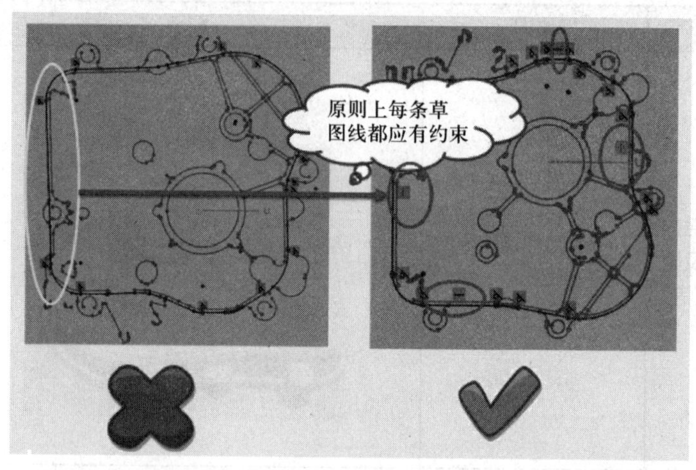

a)

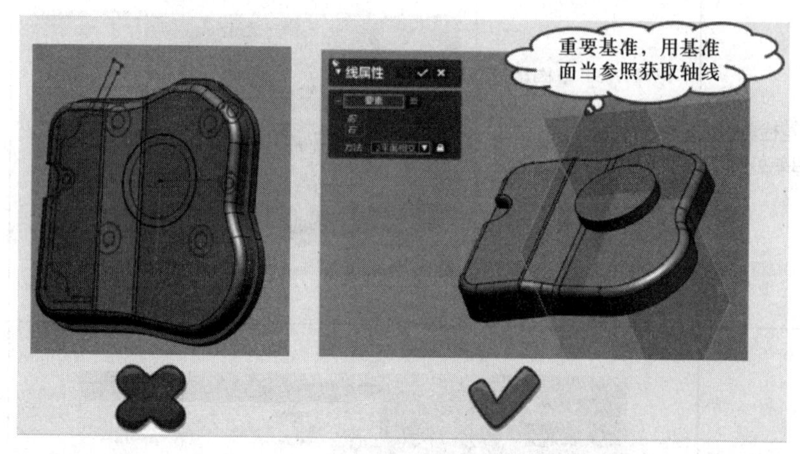

b)

图 4-3-8　铸造端盖逆向重构常见问题

▼ 表 4-3-4　铸造端盖逆向重构问题自查表

序号	问题描述	是否解决
1		是□　否□
2		是□　否□
3		是□　否□

二、任务评价

先按表 4-3-5 所列项目进行自评，再由组长对组员进行评价，将结果填入表中。

▼ 表 4-3-5　任务评价表

序号	考核项目	考核标准	配分 / 分	得分 / 分	
				自评	组长评
1	调点——对齐坐标系	数据消减正确	2		
		领域组划分合理	3		
		坐标系对齐正确	5		
2	重构基础壳体和主体特征	能完成壳体重构	10		
		能完成轴承座重构	10		
		能完成端盖加油孔及配合边缘的重构	5		
3	重构端盖外侧特征	能完成锥台 1 ~ 10 的重构，每个 1 分	10		
		能完成 E 形肋重构	5		
		能完成孔系凸台重构	4		
		能完成侧孔和凸台的重构	3		
4	重构端盖内侧特征及附加特征等	完成内侧圆锥台特征重构，共 10 个，每个 1 分	10		
		加强肋特征完整、正确	10		
		倒角和圆角特征完整、正确	5		
5	偏差检验及超差处理	能完成超差处理	5		
		偏差符合任务要求	10		
6	文件输出	能输出可编辑的 stp 格式文件	3		
合计					

复习巩固

一、填空题

1. 常见毛坯的种类有__________、压力加工件和焊接件。

2. 机械加工通用的 stp 格式文件能在常用的三维建模软件中打开，如________________、________________、________________等。

二、简答题

1. 本任务中重构轴承座轴线时，为什么可以直接使用上、右两个平面的交线？

2. 在重构端盖外侧特征过程中，并没有对圆孔进行重构，试分析一下这样做的原因。

项目五

三维检测与偏差分析

任务 1　铸造端盖的重构偏差分析

明确任务

在项目四任务 3 中，按照客户要求完成了铸造端盖的三维参数化模型的重构，为了给客户提供一份详细的重构偏差分析报告，让客户清晰明了地掌握重构数据的偏差情况，以便更好地应用重构的参数化模型，本任务将使用 Geomagic Control X 软件进行铸造端盖的重构偏差分析。

资讯学习

为了更好地完成任务，请查阅教材或相关资料，小组讨论后回答以下问题。

1. Geomagic Control X 软件的初始界面如图 5-1-1 所示，该软件界面由哪些功能区域组成？“导入”图标位于哪个功能区域？

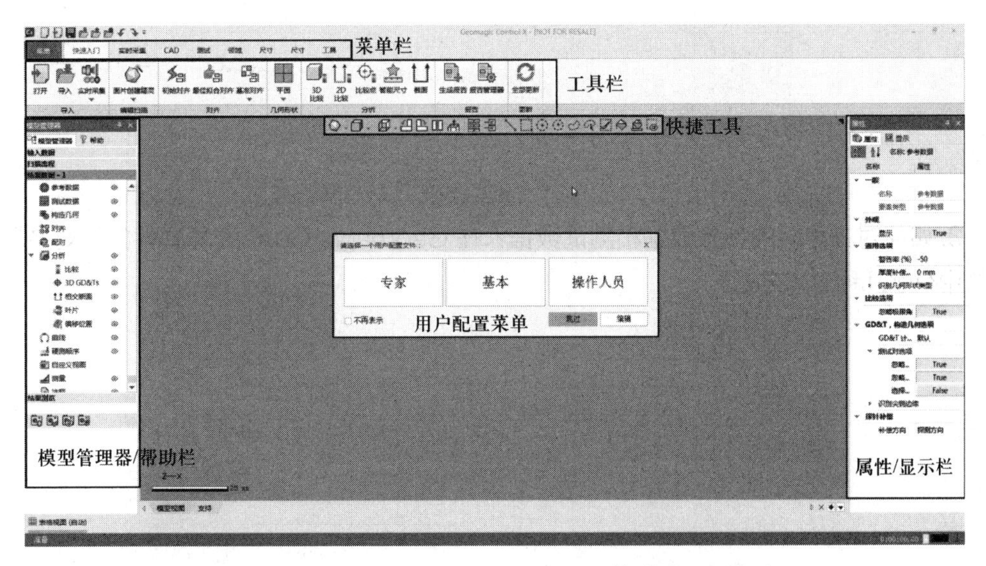

图 5-1-1　Geomagic Control X 软件初始界面

2. 如图 5-1-2 所示，导入的参考数据和测试数据分别是什么格式的？

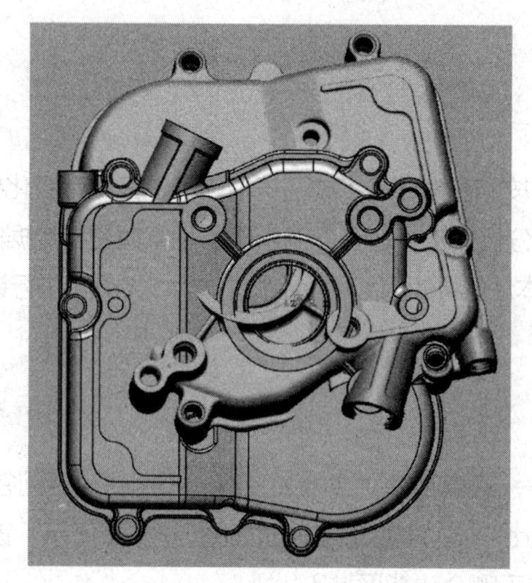

图 5-1-2　导入的参考数据和测试数据

3. 如何对齐导入的参考数据和测试数据？在 Geomagic Control X 软件的“对齐”工具栏中有哪几种对齐方式？

4. 结合图 5-1-3 所示“3D 比较”对话框说一说：进行 3D 比较操作时需要设置哪三项内容？对话框中的左、右箭头分别代表什么含义？

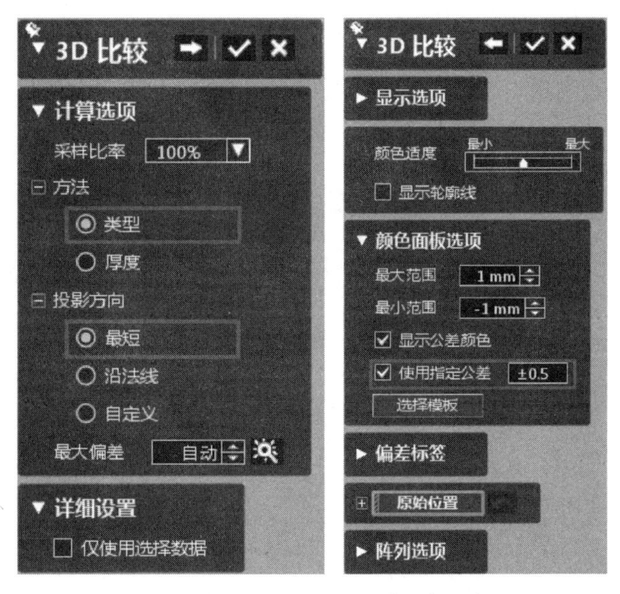

图 5-1-3 “3D 比较”对话框

5. 进行 3D 比较操作时，软件界面右侧的偏差颜色面板中有哪几种颜色？分别代表什么含义？

6. 2D 尺寸和 3D 尺寸有什么区别？创建 2D 尺寸的主要操作步骤有哪些？

7. 完成模型参考数据和测试数据的 3D 与 2D 比较后，应如何生成偏差分析报告？

任务准备

根据任务要求进行工位自检，并将结果记录在表 5-1-1 中。

▼ 表 5-1-1　工位自检表

姓名		学号	
自检项目			记录
检查工位桌椅是否正常			是□　否□
检查工位计算机能否正常开机			能□　否□
检查工位键盘、鼠标是否完好			是□　否□
检查计算机是否安装有 Geomagic Control X 软件			是□　否□
检查计算机中的 Geomagic Control X 软件能否正常打开			能□　否□
检查是否已准备好铸造端盖的参考数据和测试数据			是□　否□

任务实施

根据表 5-1-2 的提示完成铸造端盖的重构偏差分析，每完成一步在相应的步骤后面打“√”。

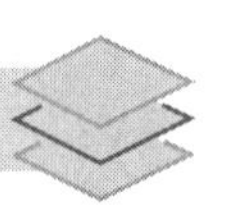

▼ 表 5-1-2　铸造端盖的重构偏差分析

步骤	内容	操作提示	图示	是否完成
1	导入参考数据和测试数据	打开软件，导入铸造端盖的扫描数据（参考数据）和重构数据（测试数据）		□
2	对齐参考数据和测试数据	利用“初始对齐”工具，完成扫描数据和重构数据的自动对齐		□
3	3D 比较	（1）单击“3D 比较”工具，开始 3D 比较		□
		（2）检查预览		□

续表

步骤	内容	操作提示	图示	是否完成
3	3D 比较	（3）完成 3D 比较，删除单点偏差标签	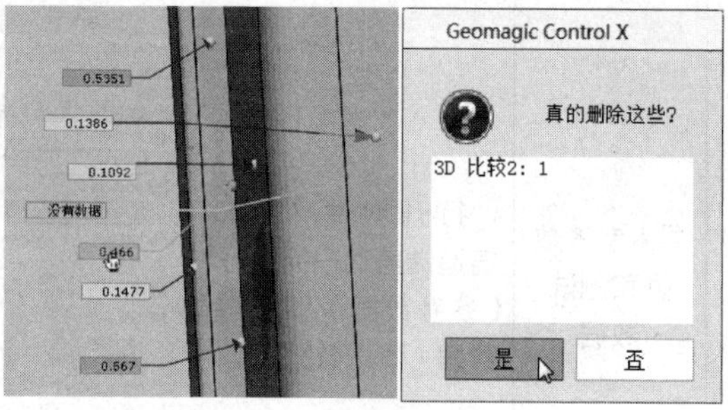	□
4	2D 比较	（1）设置截面平面	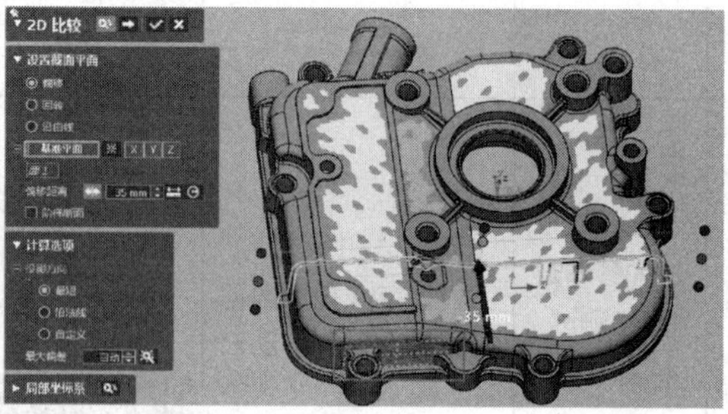	□
		（2）对特定位置进行偏差分析，标注超差位置	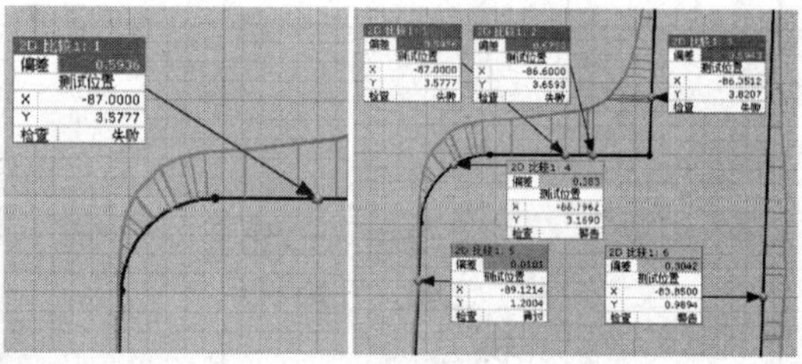	□
		（3）标注其他超差位置，完成 2D 比较	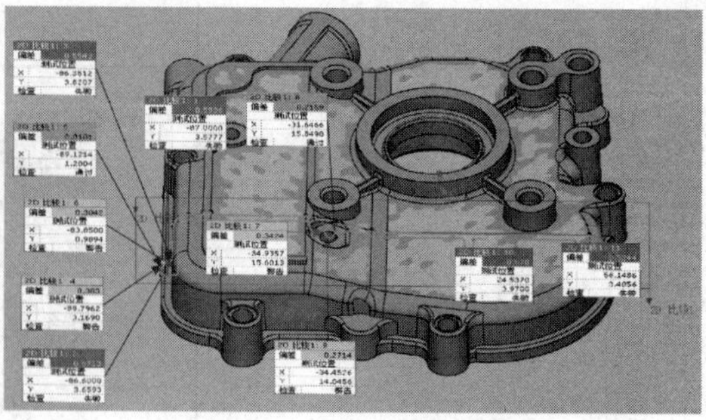	□

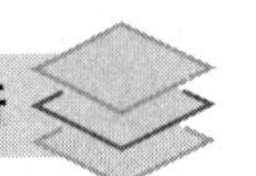

续表

步骤	内容	操作提示	图示	是否完成
4	2D 比较	（4）添加其他截面的 2D 比较	2D 比较2: 3 偏差 0.3599 测试位置 X 0.0000 Y 14.6497 2D 比较2: 4 偏差 0.3 测试位置 X 1.9710 Y 20.3146 测试位置 X 29.0561 Y 32.9256 偏差 测试位置 X -25.7658 Y 40.6153 测试位置 X 10.0213 Y 23.7277 2D 比较2: 2 偏差 0.4442 测试位置 X 34.7120 Y 29.8013 偏差 测试位置 X -34.2419 Y -2.8089	□
5	生成偏差分析报告	（1）创建分析报告	报告创建 模板 A4_landscape 结果 结果数据 - 1 源实体 参考数据 测试数据 构造几何 对齐 初始对齐1 分析 比较 3D 比较1 2D 比较1 2D 比较2 3D GD&Ts Group1 相交断面 偏移位置 自定义视图 测量 所选实体 参考数据 (结果数据 - 1) 测试数据 (结果数据 - 1) 初始对齐1 (结果数据 - 1) 3D 比较1 (结果数据 - 1) 2D 比较1 (结果数据 - 1) 2D 比较2 (结果数据 - 1) Group1 (结果数据 - 1) 添加 3D PDF 页面 生成 取消 字段名 字段值 摘要信息 重构偏差分析 铸造端盖重构偏差分析报告 张三	□
		（2）编辑报告内容	3D SYSTEMS Product Name [Product Name] Part Name [Part Name] Part Number [Part Number] Department [Department] Inspector [Inspector] Date Oct 06, 2020 Unit mm	□

续表

步骤	内容	操作提示	图示	是否完成
5	生成偏差分析报告	（3）输出报告		□

展示与评价

一、成果展示

以小组为单位派出代表展示本小组的偏差分析报告，分享偏差分析过程中遇到的问题和解决办法，听取并记录其他小组对本组作品的评价和改进建议。

二、任务评价

先按表 5-1-3 所列项目进行自评，再由组长对组员进行评价，将结果填入表中。

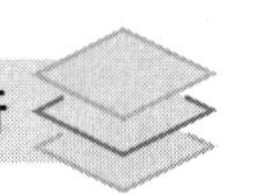

▼ 表 5-1-3　任务评价表

序号	考核项目	考核标准	配分 / 分	得分 / 分	
				自评	组长评
1	数据导入	能完成参考数据和测试数据的导入	10		
2	数据对齐	能完成参考数据和测试数据的对齐	15		
3	3D、2D 比较	能完成 3D 比较操作	20		
		能完成 2D 比较操作	25		
4	偏差分析报告制作	能生成偏差分析报告	20		
		能输出偏差分析报告	10		
合计					

复习巩固

一、填空题

1. 应用 Geomagic Control X 软件可将____________和____________进行误差比对。

2. 将铸造端盖的参考数据和测试数据对齐后，要做________比较，比较时设定的 ±0.5 mm 是________。

二、选择题

1. 下列选项中不是三维检测流程的是（　　）。

A. 导入数据　　B. 3D 比较　　C. 填充孔　　D. 生成检测报告

2. 在对模型做 3D 比较后，图上的（　　）色表示区域合格。

A. 绿　　B. 红　　C. 蓝

3. 2D 比较是对模型（　　）部位进行比较。

A. 孔　　B. 截面　　C. 体偏差

三、判断题

1. 三维检测是一种测量产品三维尺寸的技术，主要用于对物体空间外形和结构进行扫描，以获得物体表面的空间坐标。（　　）

2. Geomagic Control X 三维检测软件在汽车检测行业取得了广泛的应用。（　　）

3. 使用 Geomagic Control X 软件可以迅速检测产品的计算机辅助设计（CAD）模型和制造件之间的差异。（　　）

4. 在数据检测前不需要对齐。 （　　）

5. 如果需要精确检测某个尺寸，则需要重新进行对齐操作。 （　　）

四、简答题

1. 偏差分析的一般步骤有哪些？

2. 进行重构偏差分析的意义是什么？

任务 2　铸造端盖的几何偏差检测

明确任务

本任务要求将铸造端盖的扫描数据虚拟为加工产品的扫描数据，将重构的三维模型数据虚拟为设计基准数据，以铸造端盖轴承安装孔和底部的轮廓平面为基准，进行加工产品的几何公差分析和标注，实现批量产品的快速质量检测。

资讯学习

为了更好地完成任务，请查阅教材或相关资料，小组讨论后回答以下问题。

1. 简述进行铸造端盖几何偏差检测的具体步骤。

2. 数据导入完成后，为了更好地区分数据，一般会进行什么操作？具体操作方法是什么？

3. 结合图 5-2-1 说一说如何进行基准对齐。

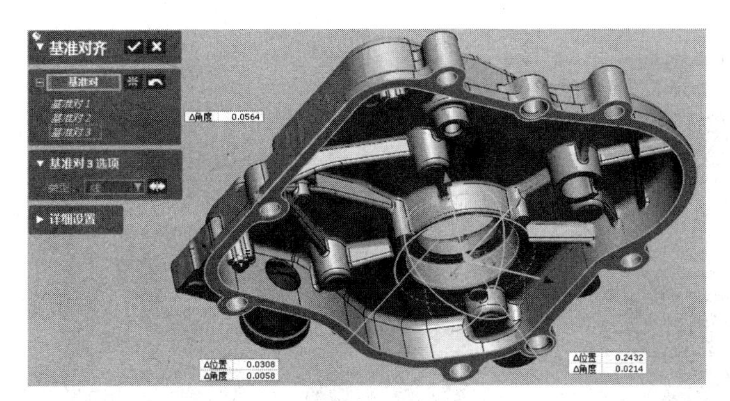

图 5-2-1　基准对齐

4. 如图 5-2-2 所示，设置基准的目的是什么？

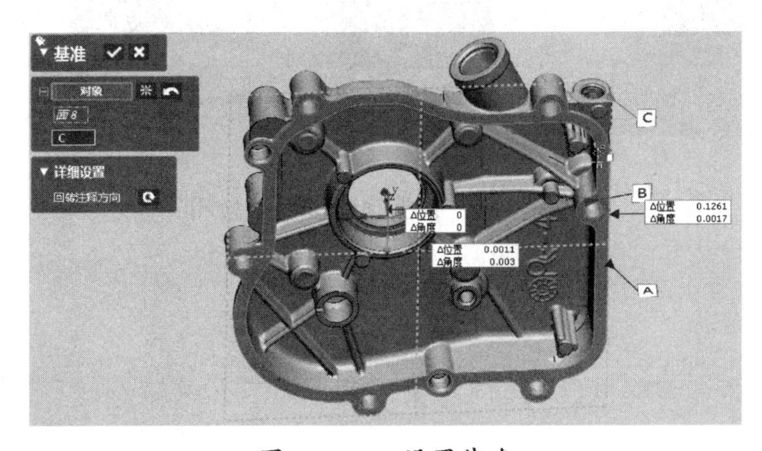

图 5-2-2　设置基准

5. 什么是位置度和平面度？图 5-2-3 所示的位置度和平面度检测，分别测量的是工件的哪个部位？

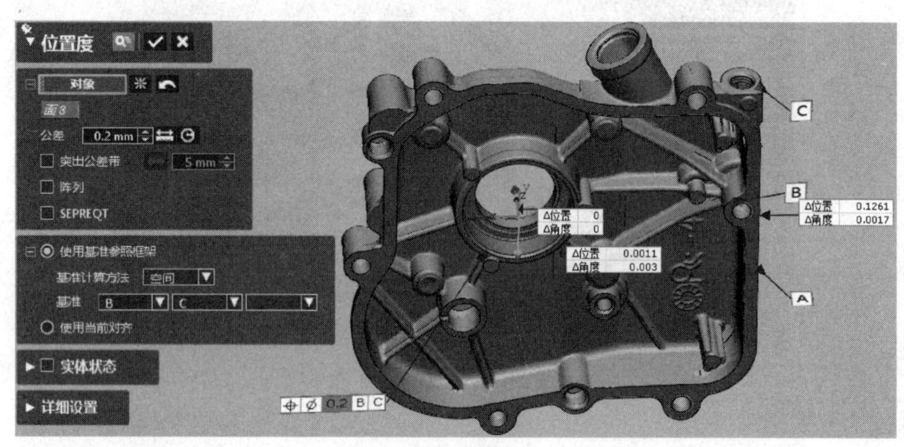

a）位置度检测

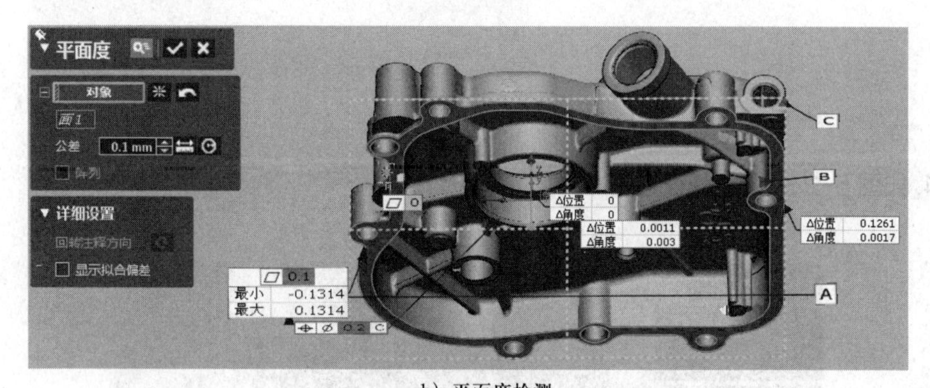

b）平面度检测

图 5-2-3　位置度和平面度检测

6. 如图 5-2-4 所示，在创建 2D 截面操作中，图中“偏移距离”的数值应该设置为正值还是负值？为什么？

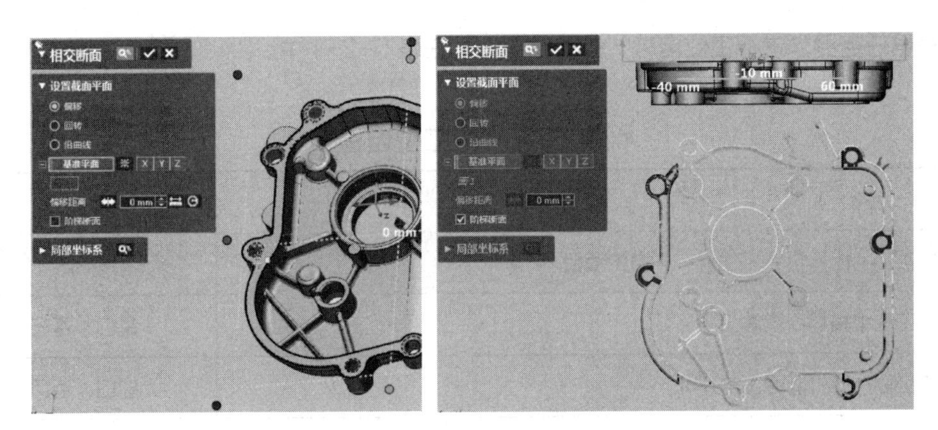

图 5-2-4　创建 2D 截面操作

7. 如图 5-2-5 所示，用于二维尺寸测量的尺寸栏中有哪些尺寸测量工具？

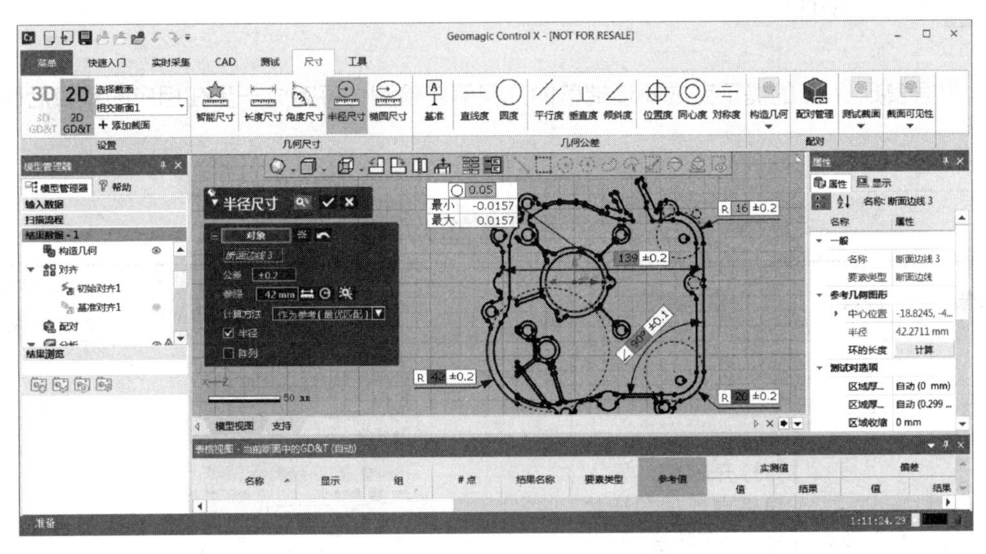

图 5-2-5　“2D GD&T”界面

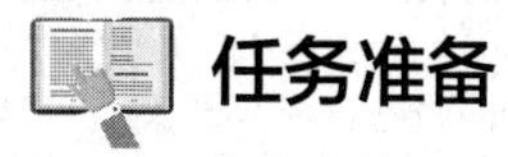

任务准备

根据任务要求进行工位自检，并将结果记录在表 5-2-1 中。

▼ 表 5-2-1　工位自检表

姓名		学号	
自检项目			**记录**
检查工位桌椅是否正常			是□　否□
检查工位计算机能否正常开机			能□　否□
检查工位键盘、鼠标是否完好			是□　否□
检查计算机是否安装有 Geomagic Control X 软件			是□　否□
检查计算机中的 Geomagic Control X 软件能否正常打开			能□　否□
检查是否已准备好铸造端盖的扫描数据和重构数据			是□　否□

任务实施

根据表 5-2-2 的提示完成铸造端盖的几何偏差检测，每完成一步在相应的步骤后面打“√”。

▼ 表 5-2-2　铸造端盖的几何偏差检测

步骤	内容	操作提示	图示	是否完成
1	导入数据	打开软件，导入铸造端盖的扫描数据（加工数据）和重构数据（设计基准数据）		□

续表

步骤	内容	操作提示	图示	是否完成
2	对齐	（1）初始对齐：对齐设计基准数据和加工数据 （2）基准对齐：选择轴承安装孔、底部边缘平面及左侧底边棱线为基准进行对齐	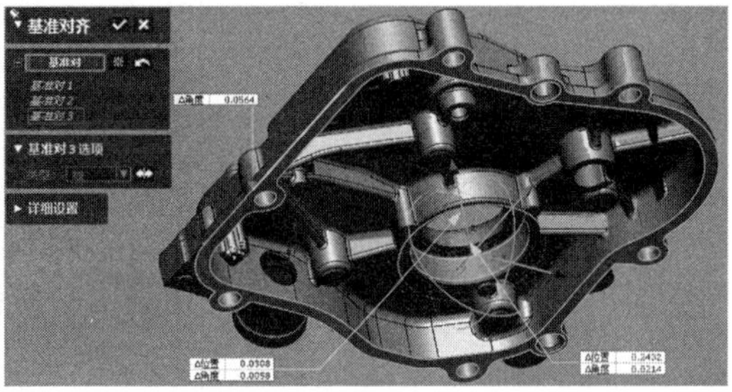	□
3	设置基准	定义X、Y、Z三个方向的基准	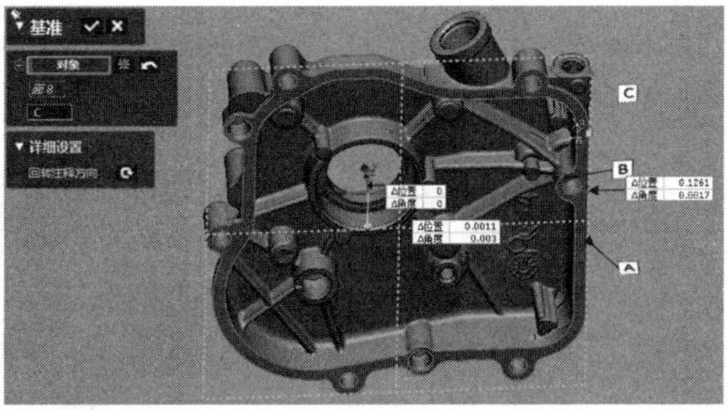	□
4	位置度检测	完成轴承安装孔的位置度检测	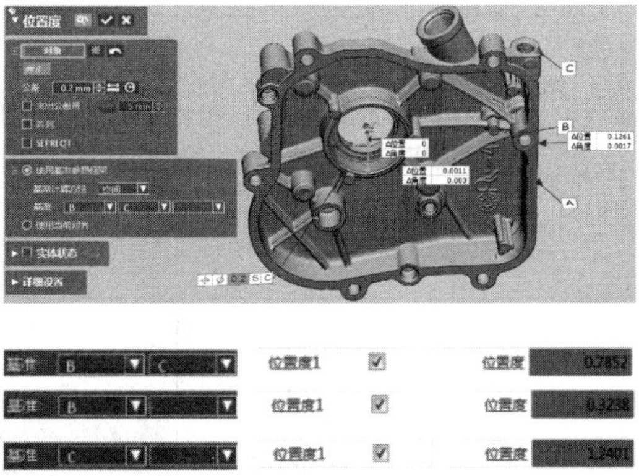	□
5	平面度检测	完成铸造端盖底部轮廓平面的平面度检测	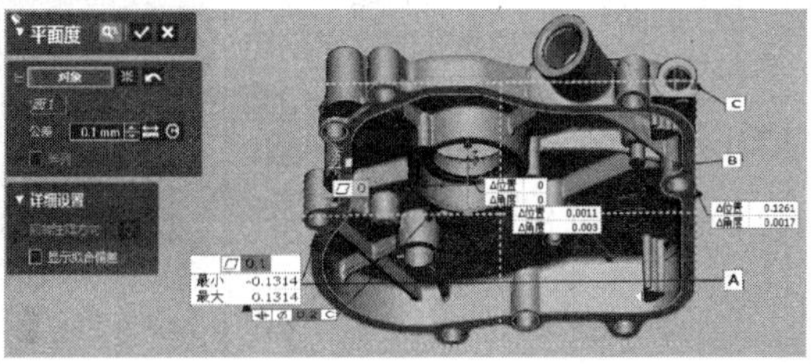	□

续表

步骤	内容	操作提示	图示	是否完成
6	圆度检测	完成轴承安装孔的圆度检测	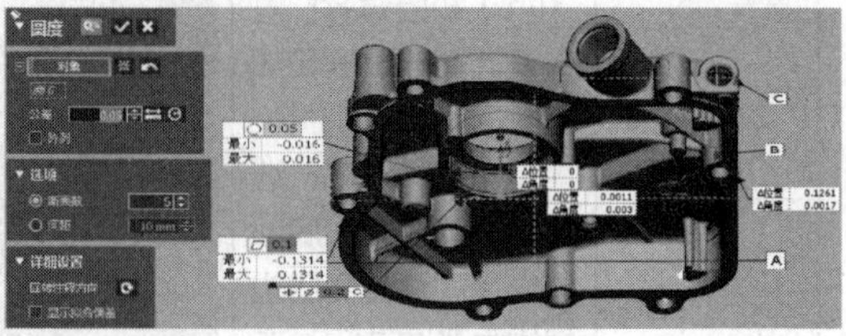	□
7	长度检测	完成轴承安装孔到左侧轮廓棱边的距离、轴承安装孔到C基准面的距离检测	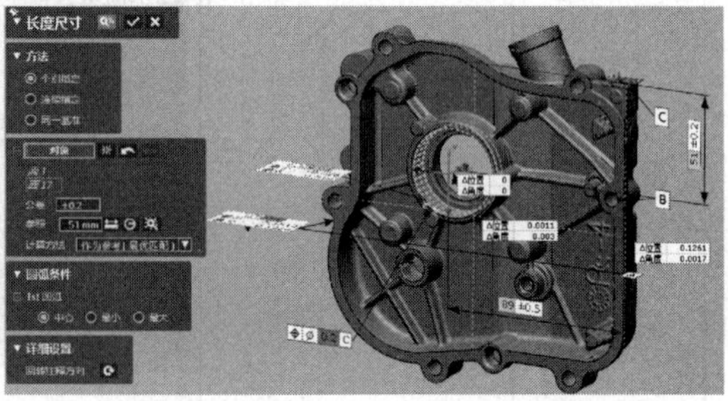	□
8	隐藏3D检测结果	为方便后续2D检测，暂时隐藏3D检测结果。在左侧模型管理器的“结果数据-1栏”中，分别单击“基准对齐”项和“3D GD&Ts”项后面的显示开关 ◉，隐藏3D检测结果		□
9	2D截面尺寸检测	（1）添加截面 以底部轮廓平面为基准平面，绘制并调整轴承孔的水平剖切线，使对应的剖切面同时显示底部轮廓线和轴承安装孔界面线	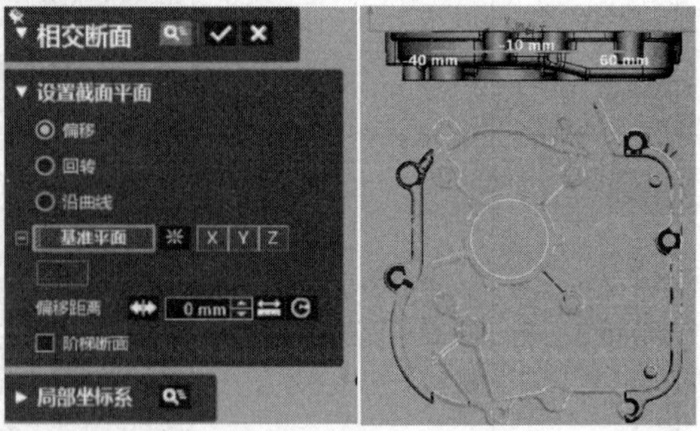	□

续表

步骤	内容	操作提示	图示	是否完成
9	2D 截面尺寸检测	（2）2D 几何偏差检测 1）完成轴承安装孔圆度的检测 2）完成左右两个边长度的检测 3）完成三个角圆角半径的检测 4）完成右下角角度的检测	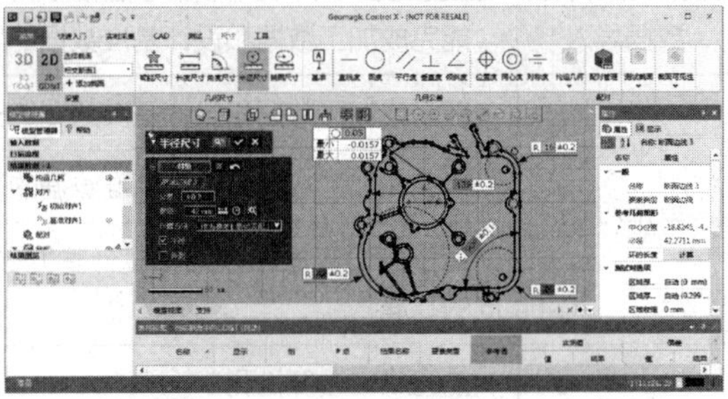 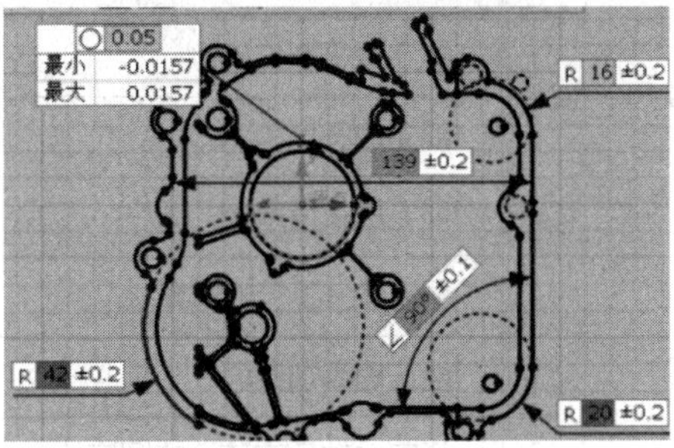	□
10	输出偏差检测报告	使用与上一任务相同的方法，输出本任务的几何偏差检测报告		□

展示与评价

一、成果展示

以小组为单位派出代表展示本小组的偏差检测报告，分享偏差检测过程中遇到的问题和解决办法，听取并记录其他小组对本组作品的评价和改进建议。

二、任务评价

先按表 5-2-3 所列项目进行自评，再由组长对组员进行评价，将结果填入表中。

▼ 表 5-2-3　任务评价表

序号	考核项目	考核标准	配分 / 分	得分 / 分	
				自评	组长评
1	数据导入	能完成加工数据和设计基准数据的导入	10		
2	数据对齐	能完成加工数据和设计基准数据的初始对齐	5		
		能完成加工数据和设计基准数据的基准对齐	10		
		能正确设置加工数据和设计基准数据在 X、Y、Z 方向的基准	10		
3	3D 尺寸检测	能完成位置度检测	5		
		能完成平面度检测	5		
		能完成圆度检测	5		
		能完成长度检测	5		
4	2D 截面尺寸检测	能隐藏 3D 检测结果	5		
		能正确添加截面	10		
		能完成轴承安装孔的圆度检测	5		
		能完成工件左右两个边的长度检测	5		
		能完成三个角圆角半径的检测	5		
		能完成工件右下角角度的检测	5		
5	偏差分析报告制作	能生成偏差分析报告	5		
		能输出偏差分析报告	5		
合计					

复习巩固

一、填空题

1. 在本任务中，导入数据后分别选择了铸造端盖的__________、__________及左侧底边棱线为基准进行对齐。

2. 在本任务中，进行位置度检测时应在“使用基准参照框架”中分别选择__________和__________进行标注。

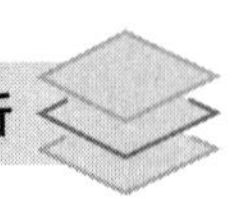

二、选择题（多选）

1. Geomagic Control X 软件中的对齐方式有（　　）。

A. 最佳拟合对齐　　B. 基于特征的对齐

C. RPS 对齐　　D. 基于特征与最佳拟合对齐

2. 使用 Geomagic Control X 软件可进行（　　）检测。

A. 平面度　　B. 位置度

C. 圆度　　D. 长度

三、判断题

1. 通过 3D 比较，可以直观地查看扫描数据的误差大小或逆向建模后的 CAD 模型与原模型各个位置的误差大小。（　　）

2. 在 Geomagic Control X 软件中为两数据设置属性后，若属性错误或属性不慎被删除，则无法再设置。（　　）

3. 生成检测报告后，报告中包含了之前创建的比较、注释、尺寸等信息。（　　）

任务 3　钣金零件的制造偏差分析

明确任务

某车型 A 柱钣金零件的冲压模具冲压出来的产品装配后缝隙大于设计标准。为了解决这一问题，需要对其冲压产品进行扫描，并将扫描数据与原始设计数据进行比较，找出冲压模具或冲压工艺的问题，以便工艺部门制定相应的改进措施，确保零件的装配间隙达到设计标准。本任务中，将使用 RPS 参考点系统对齐方法来对齐检测数据，然后进行钣金零件的制造偏差分析。

资讯学习

为了更好地完成任务，请查阅教材或相关资料，小组讨论后回答以下问题。

1. 简述进行钣金零件制造偏差分析的具体步骤。

2. 图 5-3-1 所示用户配置文件选择对话框中有哪几种选择模式？本任务中，检测钣金零件的制造偏差时应选择哪种模式？专家模式和基本模式有什么区别？

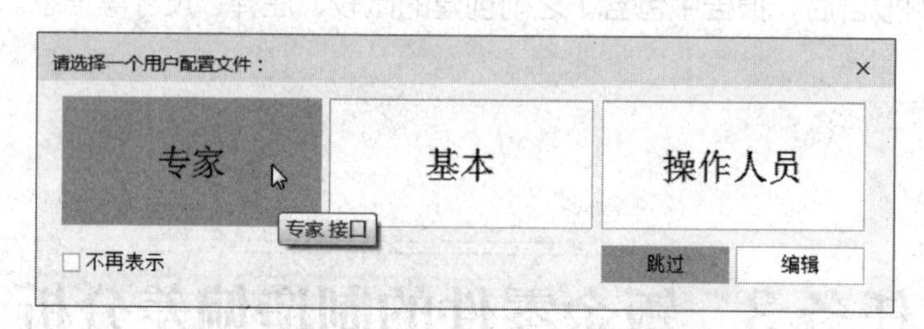

图 5-3-1　用户配置文件选择对话框

3. 利用图 5-3-2 所示“RPS 对齐”对话框可以进行 RPS 对齐操作，但是在执行 RPS 对齐操作之前，首先需要进行什么操作？使用 RPS 对齐功能时，一般会选取哪些特征作为基准对象？

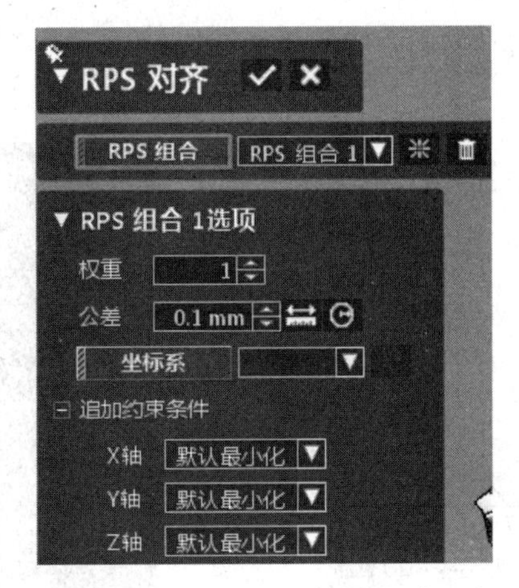

图 5-3-2 “RPS 对齐”对话框

4. 结合图 5-3-3 说一说：进行边界偏差分析主要有哪些操作步骤？

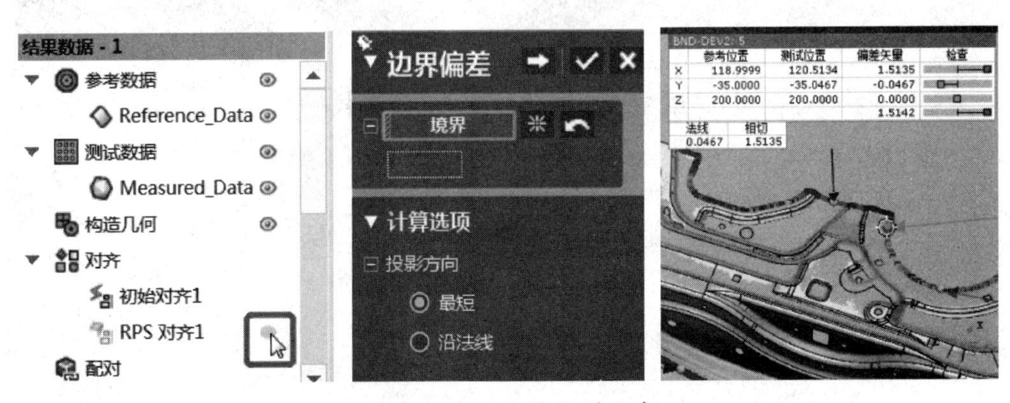

图 5-3-3 边界偏差分析

5. 结合图 5-3-4 说一说：如何添加多个 2D 比较？

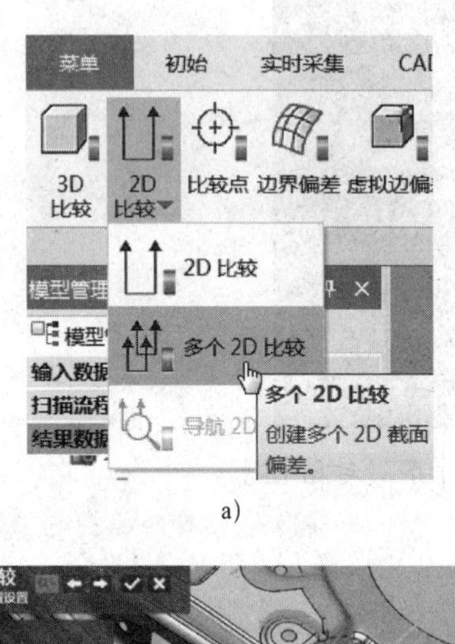

a)

b)

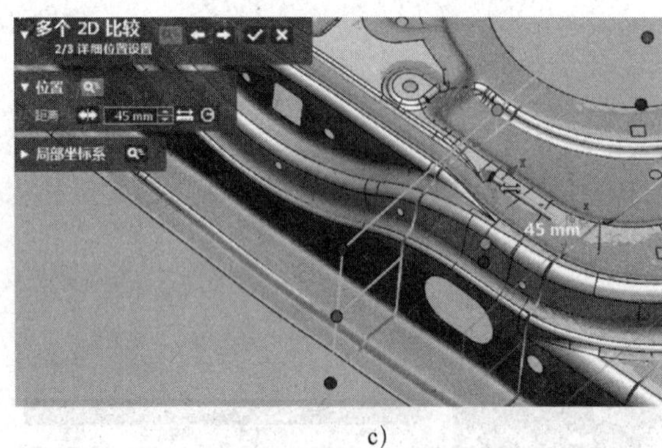

c)

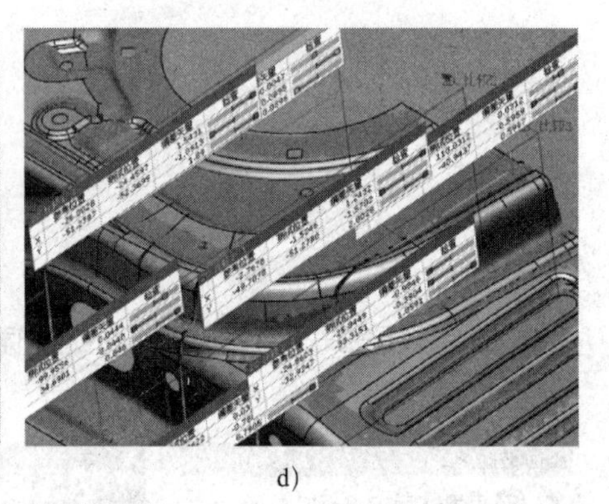

d)

图 5-3-4　添加多个 2D 比较

任务准备

根据任务要求进行工位自检，并将结果记录在表 5-3-1 中。

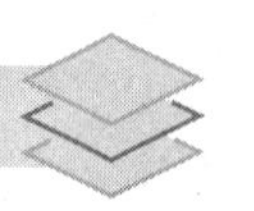

▼ 表 5-3-1　工位自检表

姓名		学号	
自检项目			**记录**
检查工位桌椅是否正常			是□　否□
检查工位计算机能否正常开机			能□　否□
检查工位键盘、鼠标是否完好			是□　否□
检查计算机是否安装有 Geomagic Control X 软件			是□　否□
检查计算机中的 Geomagic Control X 软件能否正常打开			能□　否□
检查是否已收到钣金零件的参考数据和测试数据			是□　否□

任务实施

根据表 5-3-2 的提示完成钣金零件的制造偏差分析，每完成一步在相应的步骤后面打“√”。

▼ 表 5-3-2　钣金零件的制造偏差分析

步骤	内容	操作提示	图示	是否完成
1	导入数据	导入钣金零件的测试数据和参考数据		□
2	初始对齐	使用“初始对齐”工具完成钣金零件测试数据和参考数据的初始对齐		□

续表

<table>
<tr><th>步骤</th><th>内容</th><th>操作提示</th><th>图示</th><th>是否完成</th></tr>
<tr><td>3</td><td>RPS 对齐（基准孔创建）</td><td>使用“RPS 对齐”工具，根据产品装配拼接定位要求完成 RPS 对齐</td><td>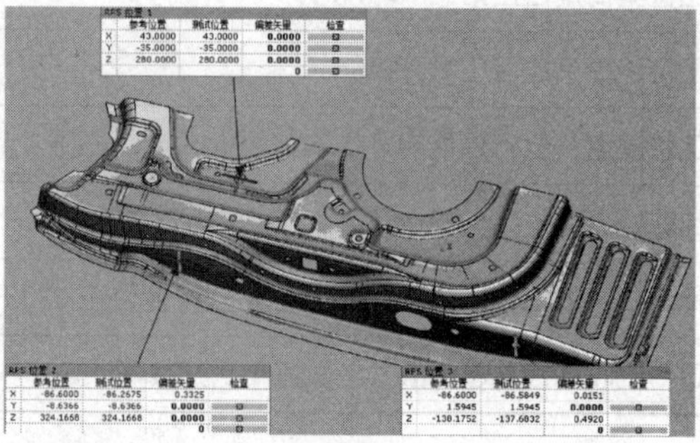
</td><td>□</td></tr>
<tr><td rowspan="2">4</td><td rowspan="2">添加边界偏差分析</td><td>（1）将 RPS 对齐的数据标签隐藏</td><td>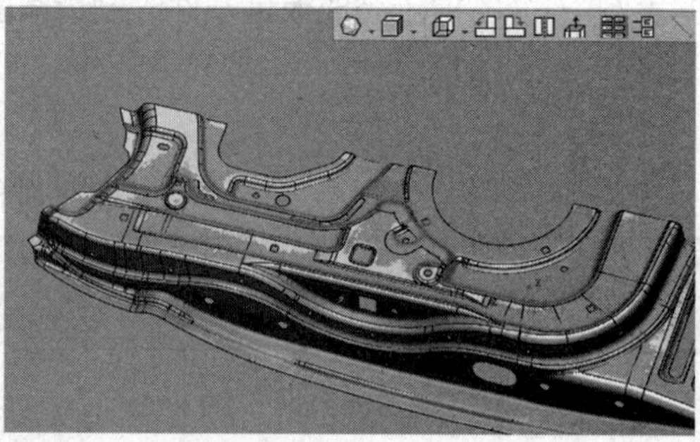</td><td>□</td></tr>
<tr><td>（2）选择参考数据边界</td><td>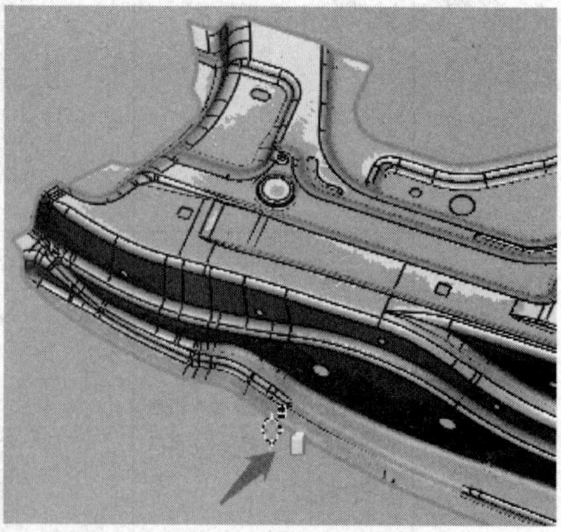</td><td>□</td></tr>
</table>

续表

步骤	内容	操作提示	图示	是否完成
4	添加边界偏差分析	（3）计算偏差		□
		（4）偏差细节观察：打开局部放大窗口进行偏差细节观察		□
		（5）指定位置的偏差信息显示		□
		（6）完成边界偏差分析		□

续表

步骤	内容	操作提示	图示	是否完成
5	添加多个2D 比较	（1）隐藏边界偏差分析的结果，定义、创建参考截面		□
		（2）单独调节参考截面位置		□
		（3）显示偏差标签设置		□
6	输出偏差分析报告	使用上一任务相同的方法，输出钣金零件制造偏差的分析报告		□

展示与评价

一、成果展示

以小组为单位派出代表展示本小组的偏差分析报告，分享偏差检测过程中遇到的问题和解决办法，听取并记录其他小组对本组作品的评价和改进建议。

二、任务评价

先按表 5-3-3 所列项目进行自评，再由组长对组员进行评价，将结果填入表中。

▼ 表 5-3-3　任务评价表

序号	考核项目	考核标准	配分 / 分	得分 / 分	
				自评	组长评
1	数据导入	能完成参考数据和测试数据的导入	5		
2	数据对齐	能完成参考数据和测试数据的初始对齐	5		
		能创建三个基准孔位，设置 *X*、*Y*、*Z* 约束条件	10		
		能完成参考数据和测试数据的 RPS 对齐	10		
3	边界 3D 尺寸检测	能正确隐藏 RPS 对齐数据标签	5		
		能正确选择参考数据边界	5		
		能正确标注边界偏差信息	15		
4	2D 截面尺寸检测	能隐藏 3D 尺寸检测结果	5		
		能正确定义、创建参考截面	5		
		能调节参考截面位置	10		
		能正确标注截面曲线偏差信息	10		
5	偏差分析报告制作	能生成偏差分析报告	5		
		能输出偏差分析报告	10		
合计					

复习巩固

一、填空题

1. 本任务中采用__________对齐方法来对齐参考数据和测试数据，然后进行偏差分析。
2. 对于钣金零件，可以用边界分析来检测____________________。

二、判断题

1. 在钣金零件参考数据和测试数据的对齐过程中，不再适合使用拟合特征来对齐检测数据的方法。（　　）

2. 软件系统将默认点云数据为“TEST”属性，即测试对象；默认 CAD 模型为“REF”属性，即参考对象。（　　）

3. 色谱栏中的最大临界值、最大名义值和颜色段等都不可以调整。（　　）

三、简答题

分析制造偏差检测结果对改进产品质量有什么意义？本任务中，应如何修正冲压模具？如何调整冲压工艺和裁边工艺？

四、技能题

试按照本任务的操作步骤和方法，对项目四任务 2 中重构的汽车发动机盖及其三维扫描数据进行模拟冲压产品质量检测，并根据定位需求在模型及点云数据上做定位孔。

任务 4　马蹄零件的制造偏差检测

明确任务

航空航天核心零部件对几何公差有严格要求，一般使用先进的三坐标测量机进行检测，以提高检测效率及精度。本任务要求对图 5-4-1 所示机翼的核心部件马蹄零件进行检测，并将扫描得到的数据导出为 cad 格式（见图 5-4-2），同时完成零件平面、圆孔等特征的三坐标测量，进行轮廓度、圆度、位置度等精度的评价。

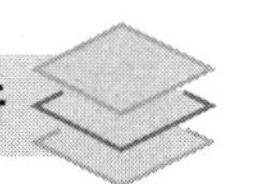

图 5-4-1　马蹄零件

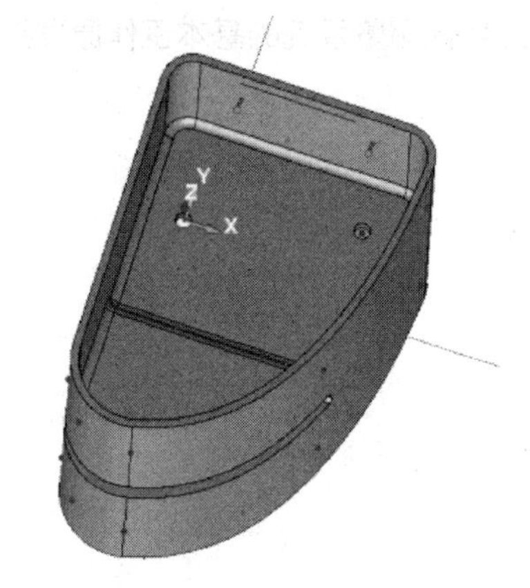

图 5-4-2　重构数据

资讯学习

为了更好地完成任务，请查阅教材或相关资料，小组讨论后回答以下问题。

1. 绘制进行马蹄零件制造偏差检测的操作流程图，并简述实施任务需要用到的设备和软件等。

2. 简述马蹄零件的加工方法。

3. 三坐标测量系统的基本工作原理是什么？

4. 如图 5-4-3 所示，在三坐标测量中有机器坐标系和工件坐标系之分，两者的区别是什么？对检测有何影响？

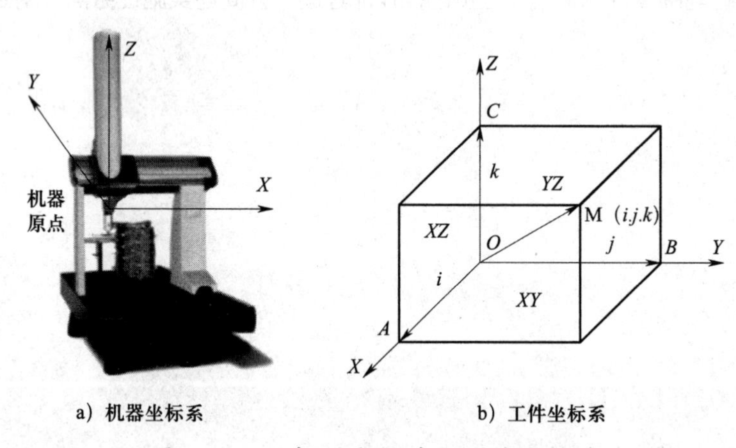

图 5-4-3　机器坐标系和工件坐标系

5. 如图 5-4-4 所示，三坐标测量系统的接触式扫描方式根据扫描测头不同，分为触发式扫描和连续式扫描两种，这两种工作方式的区别有哪些？

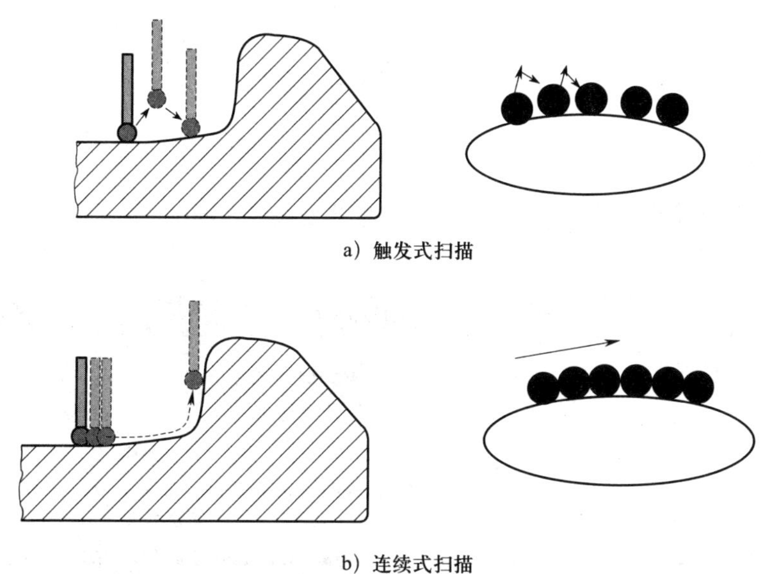

图 5-4-4　接触式扫描方式

6. 图 5-4-5 所示三坐标测量系统由哪些硬件组成？各硬件之间是怎样连接的？

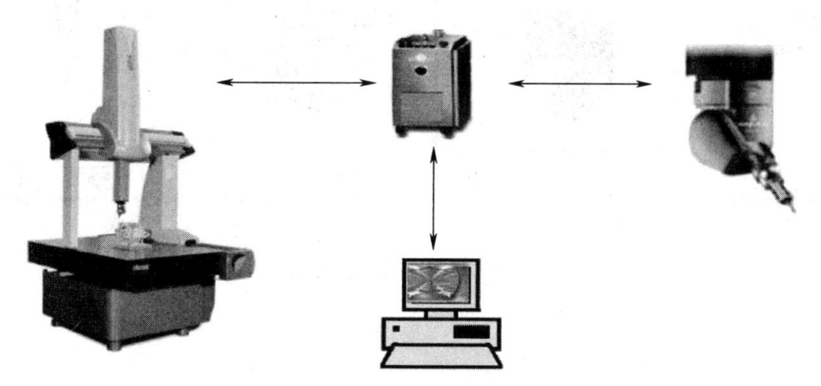

图 5-4-5　三坐标测量系统的基本组成

7. 简述安装三坐标测量软件 PC-DMIS 的主要操作步骤。

8. 根据图 5-4-6 的提示，说一说配置测头的主要操作步骤。

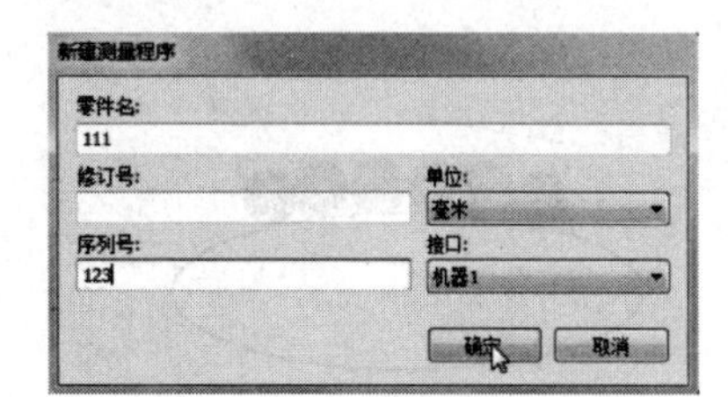

a）新建程序

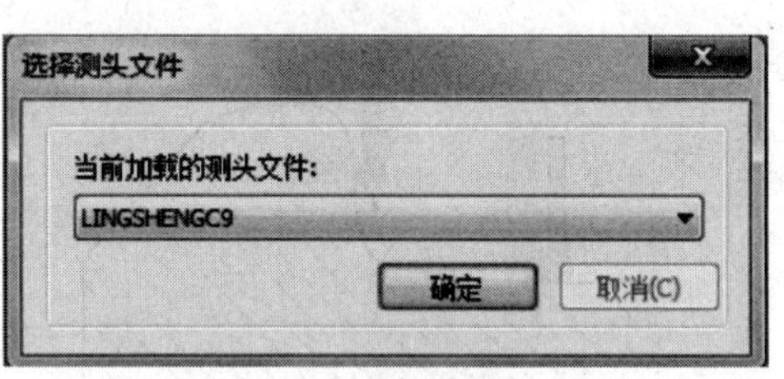

b）新建测头

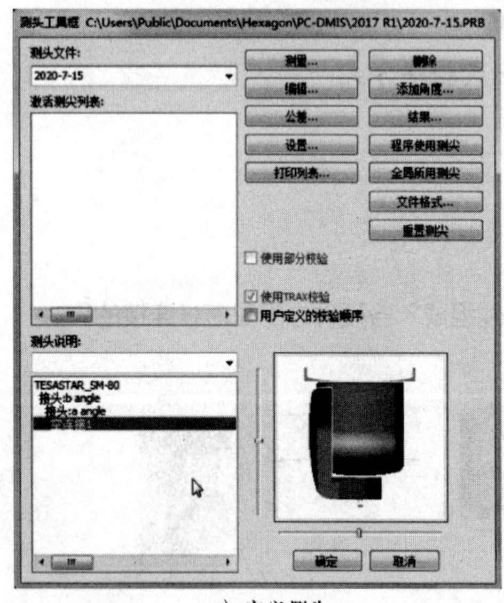

c）定义测头

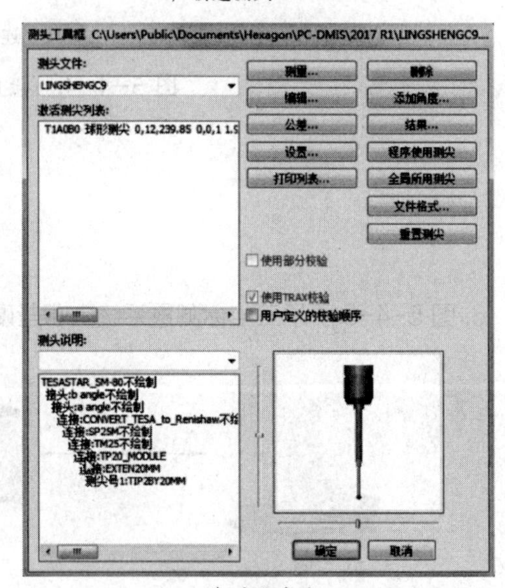

d）定义完成

图 5-4-6 配置测头

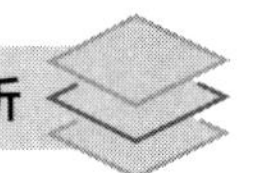

9. 根据图 5-4-7 的提示，说一说校验测头的主要操作步骤。

a）设置校验参数

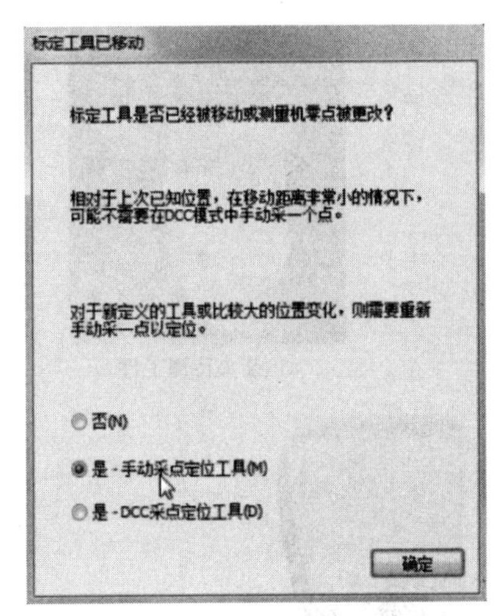

b）定义标准器

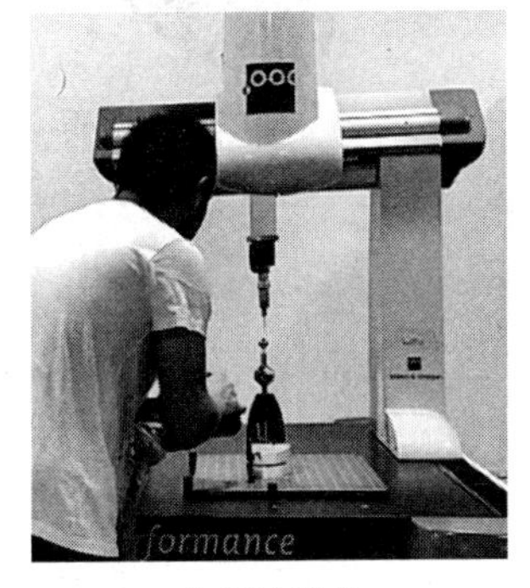

c）手动采点

d）进行校验

图 5-4-7　校验测头

10. 根据图 5-4-8 的提示，说一说建立待测工件坐标系的主要操作步骤。

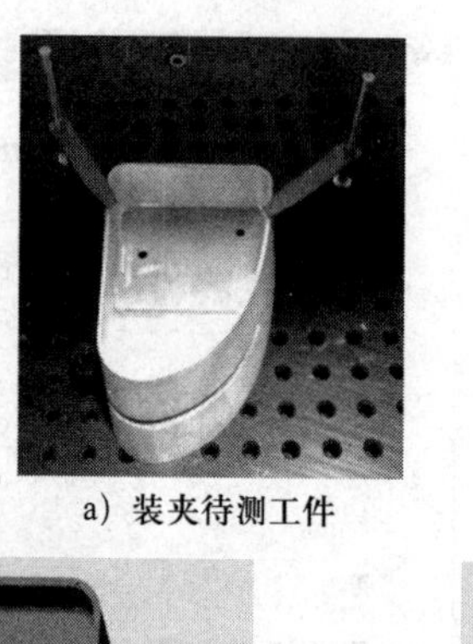
a）装夹待测工件

b）导入参考模型

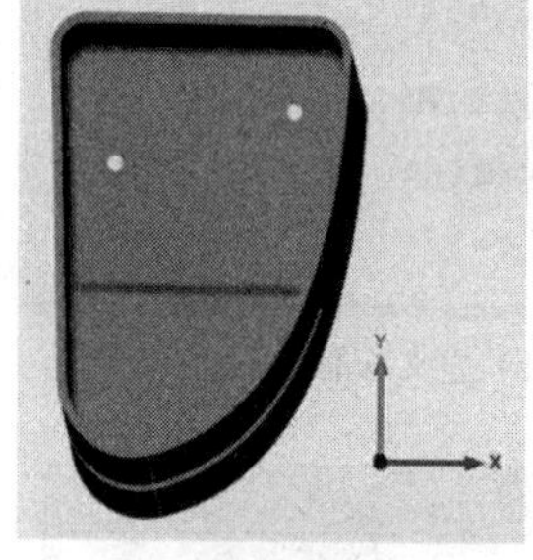

c）粗调参考模型方向

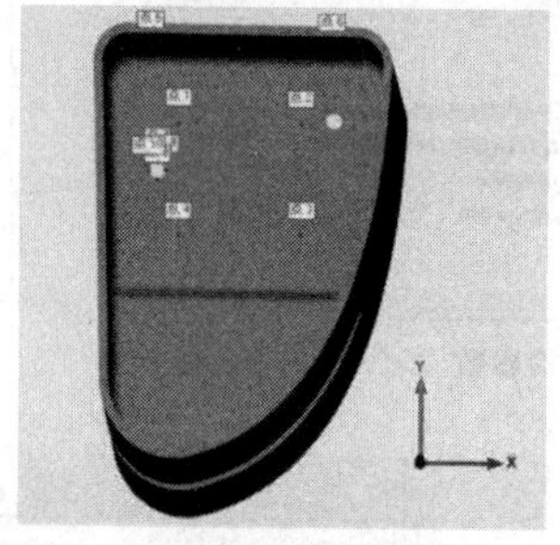

d）测量元素拟合特征

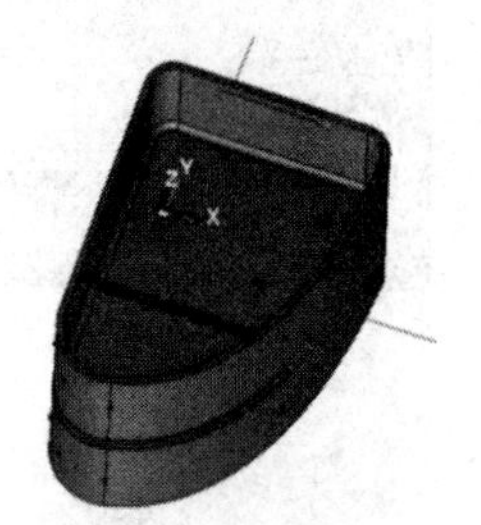

e）建立坐标系

图 5-4-8　建立待测工件坐标系

11. 简述曲线扫描的主要操作步骤。

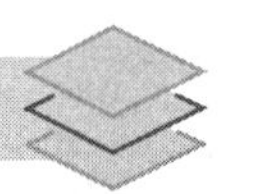

12. 图 5-4-9 所示各界面分别是哪些尺寸的测量界面？

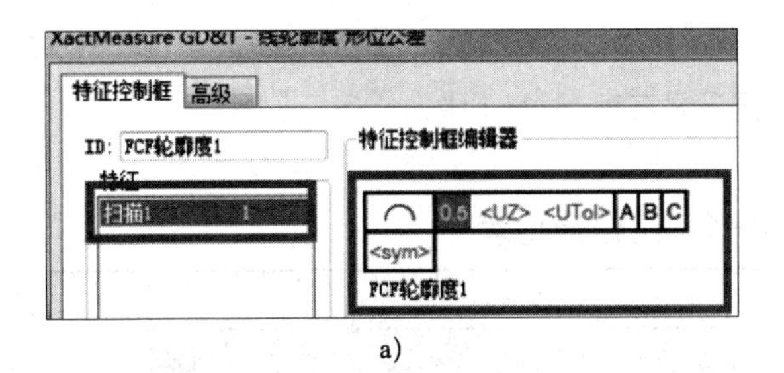

a)

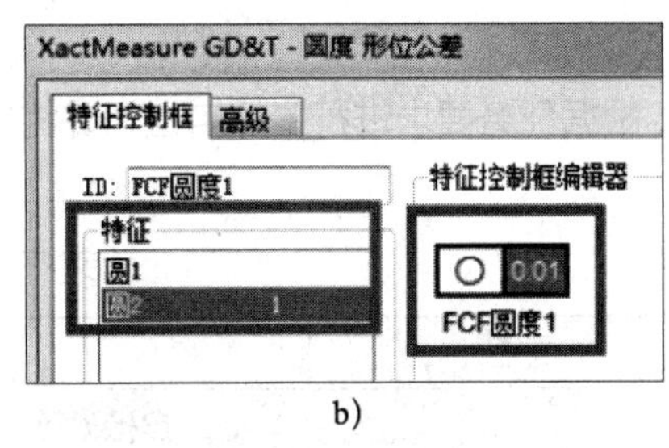

b)

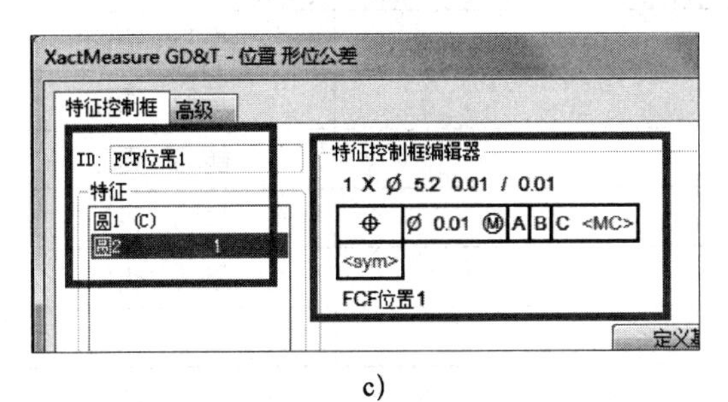

c)

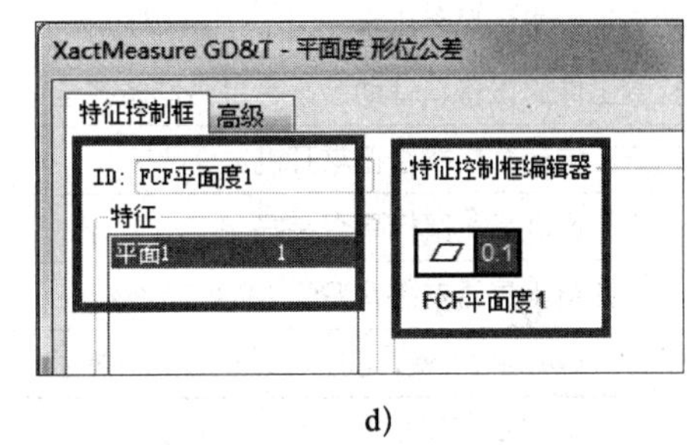

d)

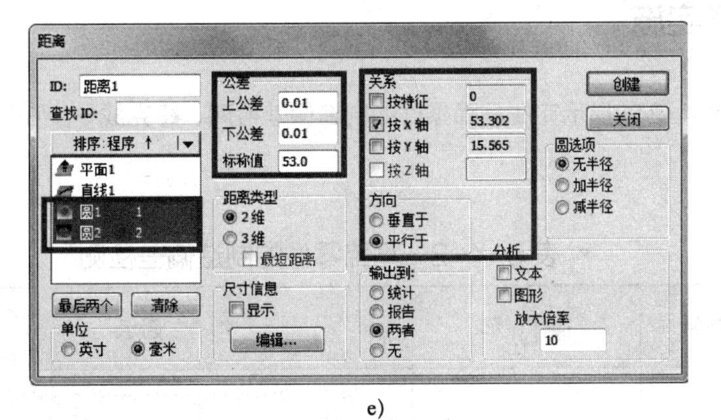

e)

图 5-4-9 偏差分析

 任务准备

根据任务要求进行工位自检，并将结果记录在表 5-4-1 中。

▼ 表 5-4-1　工位自检表

姓名		学号	
自检项目			**记录**
检查工位桌椅是否正常			是□　否□
检查工件、设备、辅助装置等是否准备齐全			是□　否□
检查工位计算机能否正常开机			能□　否□
检查工位键盘、鼠标是否完好			是□　否□
检查计算机是否安装有 PC-DMIS 软件			是□　否□
检查计算机中的 PC-DMIS 软件能否正常打开			能□　否□

任务实施

根据表 5-4-2 的提示完成马蹄零件的制造偏差检测，每完成一步在相应的步骤后面打“√”。

▼ 表 5-4-2　马蹄零件的制造偏差检测

步骤	内容	操作提示	图示	是否完成
1	定义与配置测头	（1）根据三坐标测量机的测头配置在软件上定义并配置测头	测头工具框 C:\Users\Public\Documents\Hexagon\PC-DMIS\2017 R1\2020-7-15.PRB 测头文件：2020-7-15 激活测尖列表： 测量… 删除 编辑… 添加角度… 公差… 结果… 设置… 程序使用测尖 打印列表… 全局所用测尖 文件格式… 重置测尖 使用部分校验 使用TRAX校验 用户定义的校验顺序 测头说明：TESASTAR_SM-80 确定 取消	□

续表

步骤	内容	操作提示	图示	是否完成
1	定义与配置测头	（2）设置校验参数，对定义好的测头进行校验	formance	□
		（3）查看校验数据，确保校验正确	校验结果 测头文件=2020-7-15 日期=2020/7/15 时间=11:58:34 002 中心 X 196.066 Y 480.760 Z -344.929 D 25.000 T1A0B0 理论 X 0.000 Y 12.000 Z 239.850 D 2.000 T1A0B0 实测 X 0.000 Y 12.000 Z 239.850 D 1.991 StdDev 0.002 复制 打印 确定 取消	□
2	工件装夹与坐标系的建立	（1）使用柔性压板装夹工件，使待测工件的直线特征尽量与机器坐标系的 *X*、*Y* 轴方向一致		□
		（2）导入参考模型	cadmis	□

续表

步骤	内容	操作提示	图示	是否完成
2	工件装夹与坐标系的建立	（3）粗调参考模型方向，使其与待测工件方向一致	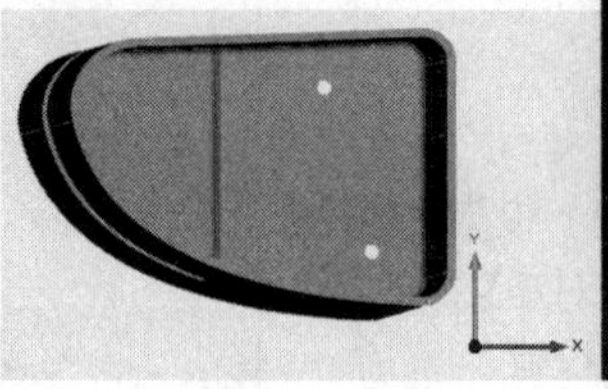 	□
		（4）操作三坐标测量机测量点元素，拟合成平面、直线、圆特征	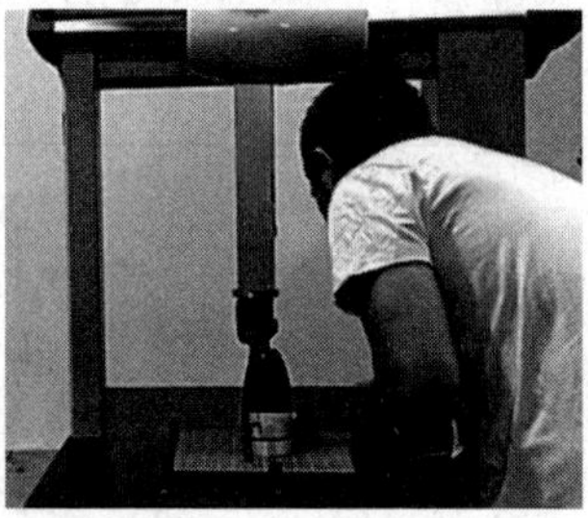	□
		（5）建立坐标系。使用拟合特征定义参考模型坐标系	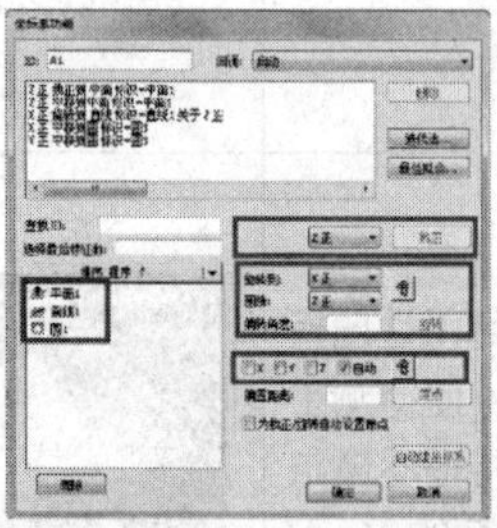 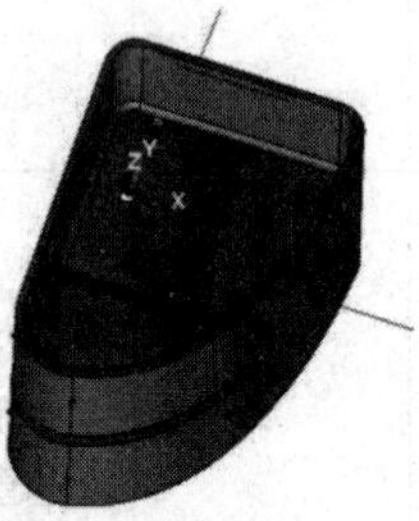	
3	特征的测量与扫描	（1）工件外轮廓矢量点的创建、测量，并获取矢量点的坐标数据	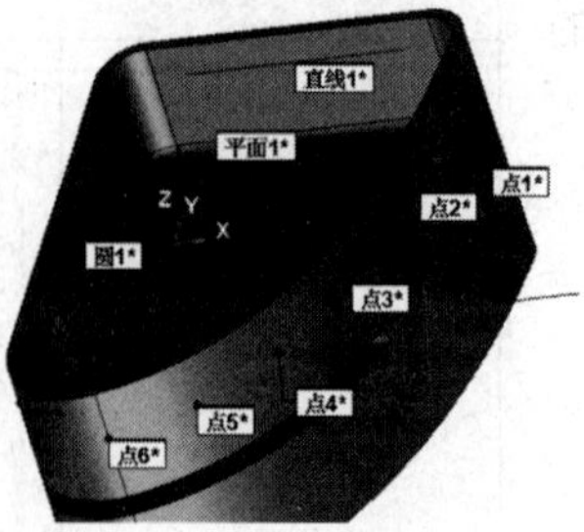	□

续表

步骤	内容	操作提示	图示	是否完成
3	特征的测量与扫描	（2）设置开线扫描参数	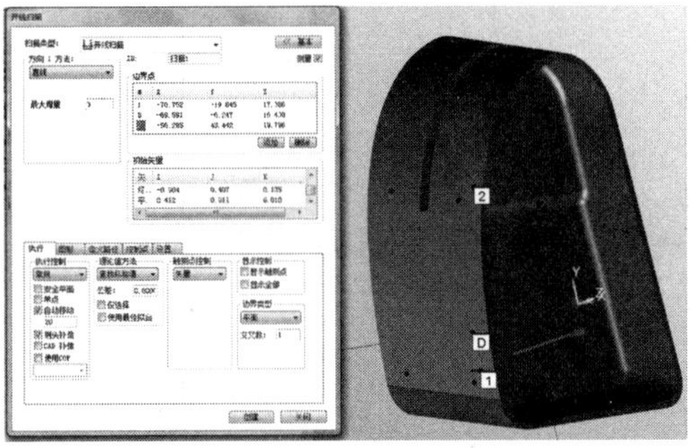	□
		（3）创建开线扫描路径，路径可以是单点路径，也可以是连续路径，测头将按照路径完成扫描	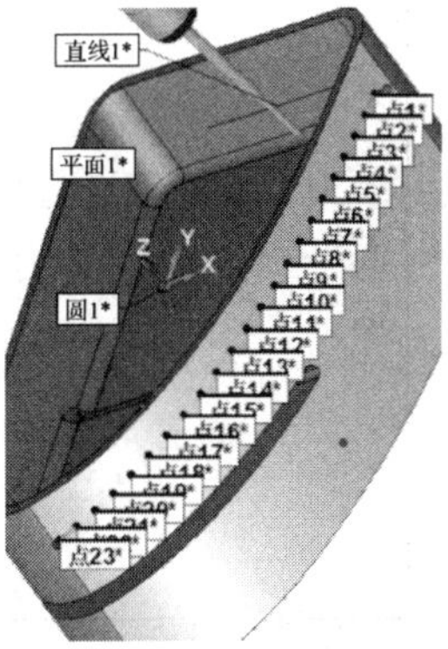	□
		（4）完成工件周边轮廓扫描路径的创建并完成扫描	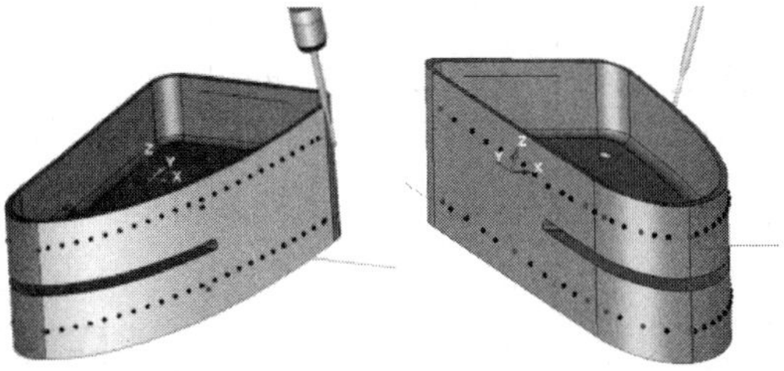	□

续表

步骤	内容	操作提示	图示	是否完成
3	特征的测量与扫描	（5）工件上表面及内腔矢量点的创建与测量	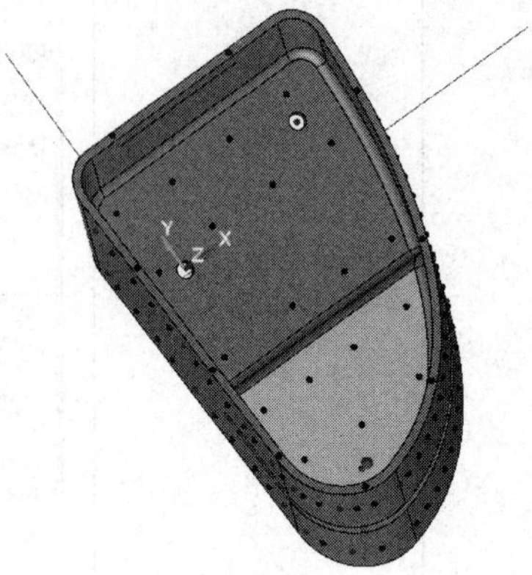	□
		（6）同理，创建曲面扫描路径并完成扫描	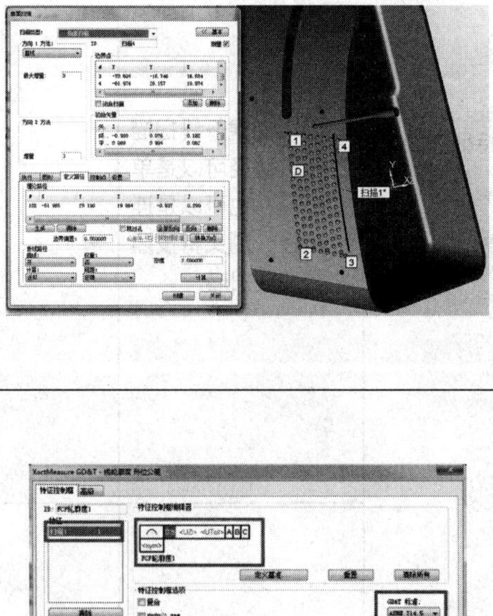	□
4	尺寸评价与数据的导出	（1）线、面轮廓度评价并查看报告	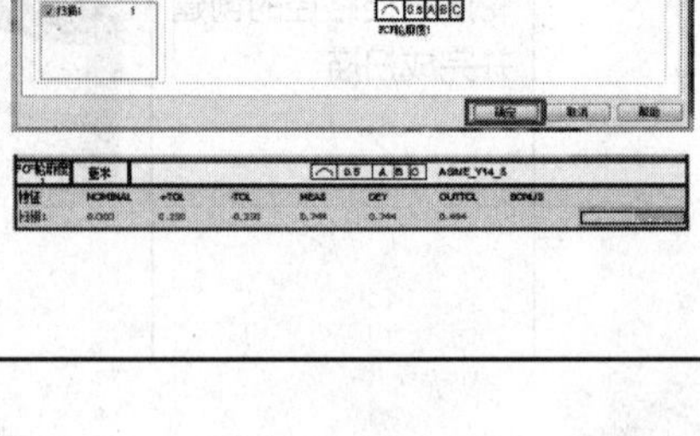	□

续表

步骤	内容	操作提示	图示	是否完成
4	尺寸评价与数据的导出	（2）依次完成距离、平面度、圆度、位置度的评价	Y Z X	□
		（3）输出评价报告	FCF位置1 位置 毫米 ⌖ Ø0.01 Ⓜ A B C 特征 NOMINAL +TOL -TOL MEAS DEV OUTTOL BONUS 圆2 0.000 0.010 0.116 0.116 0.086 0.020 FCF位置1 概要 拟和基准=开，垂直于中心线的偏差=开 特征 AX NOMINAL MEAS DEV 圆2 X 53.302 53.322 0.020 Y 15.565 15.511 -0.055	□

展示与评价

一、成果展示

以小组为单位派出代表展示本小组的制造偏差检测报告，分享制造偏差检测过程中遇到的问题和解决办法，听取并记录其他小组对本组作品的评价和改进建议。

二、任务评价

先按表 5-4-3 所列项目进行自评，再由组长对组员进行评价，将结果填入表中。

▼ 表 5-4-3　任务评价表

序号	考核项目	考核标准	配分 / 分	得分 / 分	
				自评	小组评
1	工件装夹与坐标系的建立	能正确装夹工件	5		
		能熟练导入参考模型	5		
		能粗调参考模型 X、Y、Z 方向，使其与待测工件基本一致	5		
		能正确操作三坐标测量机测量点元素，拟合成平面、直线、圆特征	5		
		能使用拟合特征正确定义参考模型坐标系	5		
2	特征的测量与扫描	能完成工件外轮廓矢量点的创建、测量，并获取矢量点的坐标数据	10		
		能正确设置开线扫描参数	5		
		能正确创建开线扫描路径	5		
		能完成工件周边轮廓扫描路径的创建并完成扫描	10		
		能完成工件上表面及内腔矢量点的创建，并完成测量	10		
		能创建曲面扫描路径并完成扫描	15		
3	尺寸评价与数据的导出	能完成线、面轮廓度评价并查看报告	5		
		能完成距离、平面度、圆度、位置度的评价	10		
		能输出评价报告	5		
合计					

复习巩固

一、填空题

1. 任何形状都是由空间点构成的，所以几何公差的检测都可以归纳为________。

2. 三坐标测量机主要应用于以下两种情况：对于未知工件数据，只有工件、无 CAD 模型，应用于________；对于已知工件数据，有工件和 CAD 模型，应用于________。

3. 在 PC-DMIS 软件中，按快捷键“Alt+Z”可进入________模式。

4. ____________的设置是正确评价位置度的前提。

5. 几何公差中的______________就是物体的实际位置与理论位置的偏差。

二、选择题

1. 下列元素中，(　　) 不能用来建立工件坐标系的第一轴。

A. 圆　　B. 圆锥

C. 平面　　D. 圆柱

2. 坐标系共有 (　　) 个自由度。

A. 3　　B. 4

C. 5　　D. 6

3. 下列说法不正确的是 (　　)。

A. 校验完测头后，需要检查校验结果是否正常

B. 校验测头时，可以任意选择校验点数和标准球的校验层数

C. 如果新增了一个测针角度，而之前的标准球已经移动位置，则校验这个角度时，需要先校验标准测针

D. 发生碰撞后，需要重新校验一下测针

4. 下列说法正确的是 (　　)。

A. 在建立工件坐标系时，只允许用平面找正坐标系第一轴

B. 在建立工件坐标系时，也可以用圆柱、圆锥和 3D 直线找正坐标系第一轴

C. 在建立工件坐标系时，与基准平面垂直的圆柱轴线可以旋转找正坐标系第二轴

D. 在建立工件坐标系时，平面只能用于找正坐标系第一轴

三、简答题

1. 三坐标测量机的偏差检测和 Geomagic Control X 软件的三维偏差检测有何差别?

2. 当零件制造偏差要求为 ±0.01 mm 时，应选择哪种偏差检测方式？为什么？

四、技能题

1. 使用立体光固化打印机打印出铸造端盖重构后的模型，按照三坐标测量机的制造偏差检测流程对打印后的零件进行偏差检测，并总结经验。

2. 使用三坐标测量机输出的点云数据，对马蹄零件进行逆向重构。使用两点确定一条直线，三点确定一个平面，三个同平面点确定一个圆，连续点连接绘制曲线的方法进行特征重构，并总结经验。